新型烟草制品专利微导航探索与实践

EXPLORATION AND PRACTICE OF
PATENT MICRO-NAVIGATION ON NOVEL TOBACCO PRODUCTS

周肇峰　唐莉萍◎编著

知识产权出版社

全国百佳图书出版单位

图书在版编目（CIP）数据

新型烟草制品专利微导航探索与实践/周肇峰，唐莉萍编著. —北京：知识产权出版社，2019.5
ISBN 978 - 7 - 5130 - 6185 - 8

Ⅰ.①新… Ⅱ.①周… ②唐… Ⅲ.①烟草制品—专利—研究 Ⅳ.①G306.3②TS4

中国版本图书馆 CIP 数据核字（2019）第 061612 号

内容提要

本书较为全面地介绍了专利微导航的概念、流程和方法，以及国内部分省市专利微导航试点实施情况，重点介绍了新型烟草制品专利微导航项目研究，聚焦新型烟草制品中的电子烟和低温加热烟草制品技术领域，将专利数据信息与技术发展历程、政策和市场信息深度融合，力求通过专利微导航分析，为新型烟草技术创新、专利布局以及市场定位等提供决策参考。本书可作为开展专利微导航项目研究的参考用书，还可为从事新型烟草产品研发的技术、管理人员提供有益的工作参考。

责任编辑：江宜玲　张利萍　　　　　　　　　责任校对：王　岩
封面设计：邵建文　马倬麟　　　　　　　　　责任印制：刘译文

新型烟草制品专利微导航探索与实践
周肇峰　唐莉萍　编著

出版发行	知识产权出版社 有限责任公司	网　址：http：//www.ipph.cn		
社　址：北京市海淀区气象路 50 号院		邮　编：100081		
责编电话：010 - 82000860 转 8339		责编邮箱：jiangyiling@cnipr.com		
发行电话：010 - 82000860 转 8101/8102		发行传真：010 - 82000893/82005070/82000270		
印　刷：北京九州迅驰传媒文化有限公司		经　销：各大网上书店、新华书店及相关专业书店		
开　本：787mm×1092mm　1/16		印　张：14		
版　次：2019 年 5 月第 1 版		印　次：2019 年 5 月第 1 次印刷		
字　数：306 千字		定　价：78.00 元		

ISBN 978 -7 -5130 -6185 -8

本书编委会

周肇峰　唐莉萍　刘　鸿　陈　峰　陆建南

崔国振　邓和平　王建宇　王　科　周明新

李小兰　陈志燕　黄忠辉　陆　漓　吴　彦

韦建玉　欧朝福　黄祥进

课题研究团队

一、课题承担单位

广西中烟工业有限责任公司、知识产权出版社有限责任公司

二、课题负责人

周肇峰、唐莉萍

三、课题研究人员

周肇峰、唐莉萍、刘　鸿、李小兰、陈志燕、黄忠辉、陆　漓、崔国振、邓和平、王建宇、王　科、周明新、吴　彦、李　典、王萍娟、周艳枚、周　芸、唐志明、刘　茜、梁海玲、黄华钦

四、撰稿分工

周肇峰（广西中烟工业有限责任公司）：负责研究框架设计，主要执笔第7～11章，负责全书统稿。

唐莉萍（广西医科大学）：参与研究框架设计，主要执笔第1～4章，负责第1～4章统稿。

刘　鸿（广西中烟工业有限责任公司）：参与研究框架设计，参与执笔第6章。

崔国振（知识产权出版社有限责任公司）：主要执笔第12章。

邓和平（知识产权出版社有限责任公司）：主要执笔第5章，负责第5章统稿。

王　科（知识产权出版社有限责任公司）：主要执笔第6章。

王建宇（知识产权出版社有限责任公司）：参与执笔第8章。

周明新（知识产权出版社有限责任公司）：参与执笔第7章。

前　言

　　从数据分析的角度看，专利信息分析就是将专利文献本身所蕴含的技术、法律以及经济方面的情报，进行有效的收集、整理和分析，以达到指导企业技术研发，排挤竞争对手，建立竞争优势，从而实现商业价值最大化的目的。而专利导航分析就是利用专利竞争情报信息，从专利信息资源整理/分析出发，把专利价值充分地嵌入企业技术、业务、结构以及商业模式的创新环境中，以便支持和引导技术的更新与探索。专利微导航立足企业，为企业技术创新、战略布局、提升核心竞争力等方面提供重要的数据支撑。企业通过专利微导航可实时了解专利技术动态、竞争对手专利布局等情况，及时调整研发策略，防范专利风险，提升竞争力。而专利微导航针对企业或其产品所涉及的具体分支技术，通过专利分析、专利特征等手段，形成专利竞争者态势、专利技术发展路线图、专利技术功效图等图表，有助于企业了解技术创新基础、技术创新对象以及技术创新突破口，从而实现技术创新。

　　近年来，随着人们健康意识及政府管控的加强，催生了新型烟草技术的快速发展壮大，技术发展和市场份额都明显增加。当前，新型烟草中以电子烟和低温加热烟草制品两种类型的新型烟草的研发最为活跃。本书以新型烟草中的电子烟和低温加热烟草制品技术领域为研究方向，以电子烟的雾化技术和低温加热烟草制品的加热技术为切入点，充分利用专利竞争情报，以翔实而全面的数据、科学的分析方法进行大视野深度分析研究。研究采用专利竞争情报的分析思路和方法，以专利资源数据为主，配合政策资料、市场资料，对专利数据进行深入采集挖掘、整理，将专利数据信息与技术发展历程、政策和市场信息深度融合，梳理技术研发热点和重点，以及各烟草巨头在电子烟和低温加热卷烟技术中的专利布局情况，为新型烟草技术创新、专利布局以及市场定位提供决策参考。

本书分为理论篇、探索篇和实践篇三个部分。理论篇部分，介绍专利微导航的概念、流程与方法、行业技术分解，以及专利微导航分析，主要由第1~4章的内容组成。探索篇部分，总结国内部分省市专利微导航试点实施情况，主要由第5章的内容组成。实践篇部分，聚焦新型烟草中的电子烟和低温加热烟草制品技术领域，开展新型烟草制品专利微导航分析，包括：一是新型烟草的政策、经济、技术环境的总体分析，主要由第6章的内容组成；二是电子烟和低温加热烟草制品的全球和中国专利竞争环境的分析，主要由第7章和第8章的内容组成；三是分别对电子烟、低温加热烟草制品和双气路控制进行专利微导航分析，如技术构成分析、功效矩阵分析、专利活跃度分析、重点专利分析、竞争对手分析和新进入行业者分析等，主要由第9~11章的内容组成；四是电子烟和低温加热烟草制品技术的研发策略和专利布局建议，主要由第12章的内容组成。

本书编撰过程中，编著者主持开展了《非燃烧抽吸雾化系统专利微导航》课题研究，得到了项目研究团队的大力帮助，为本书的撰稿提供了大量案例资料。同时，本书还得到了广西中烟工业有限责任公司、广西烟草学会、广西医科大学和知识产权出版社有限责任公司的领导和同事们的大力支持，在此一并致以衷心感谢。

由于时间仓促、水平有限，本书中的观点和内容难免存在偏颇和不当之处，恳请读者批评指正。

目　录

理论篇

第1章　专利微导航的概论

1.1　专利微导航的基本概念

专利分析是对专利信息进行科学的加工、整理与分析，经过深度挖掘与缜密剖析，转化为具有较高技术与商业价值的可利用信息——专利情报。专利信息是原料，专利情报是产品，专利分析可以理解为由专利信息获得专利情报的理论和方法。从对象和目的来看，专利分析就是指以某一技术领域的专利文献信息为分析样本，结合网络、图书、期刊、学位论文等各类非专利文献信息，对该技术领域的专利技术的整体概况、发展态势、分布状况、竞争力等内容进行多维度分析，以获取技术情报、法律情报、商业情报。

"专利导航"是由国家知识产权局提出的一种先驱性产业发展理念，是指以专利分析为基础，通过专利分析找出产业发展的薄弱环节和重点发展方向，结合本地区、本行业的技术、人才基础以及产业配套能力，对产业发展进行科学规划，使产业结构更加合理、实现产业发展从低端到高端的转变，产品从制造到创造与制造并举的转变❶。其主要内容包括了专利分析、专利储备运营、专利布局、专利协同运用等多个方面。专利导航的根本是希望企业能够利用专利分析得出的专利情报，指导企业技术研发的方向，鼓励技术创新，同时配置各种资源，支持鼓励企业利用专利情报开展研发工作。其任务是建立专利导航产业发展工作机制，优化产业的专利创造，鼓励专利的协同运用，培育专利运营业态发展，完善专利运用服务体系，构建专利导航产业发展的政策支撑体系。

"专利微导航"是微观专利导航的简称，又称为企业运营类专利导航，也是以专利信息资源利用和专利分析为基础，通过专利分析获得的专利情报和企业专利地图的绘制，了解某一技术发展趋势及国内外技术发展动态，研究核心技术和关键技术节点，掌握竞争公司和发明人，发现和研发空白技术，把专利运用嵌入企业技术创新、产品创新、组织创新和商业模式创新❷，并以企业产品层面的技术研发为切入点，结合企业发展实际情况，加强企业专利布局和战略规划，以实现专利运用运营、提升企业竞争力等最终目标，引导和支撑企业的科学发展。

专利微导航的实质是通过利用专利信息分析，提高企业专利创造、运用、保护和管理能力，是专利分析和信息利用的一种方式。面向企业的"专利微导航"能够更加深

---

❶ 臧宇杰，肖卫平，王宇航，等. 地方财政推进专利导航产业发展的路径分析 [J]. 江苏科技信息，2015 (3)：15-16.

❷ 李琪，陈仁松. 浅谈专利导航产业发展的方法和路径 [J]. 中国发明与专利，2015 (8)：21-23.

入企业实际经营与研发，结合企业具体迫切的需求，通过从国内外专利数据库中检索分析专利文献公开情况，为企业的专利挖掘和布局、技术创新、风险应对、技术合作与人才引进、维权保护等提出微观的便于执行的具体措施。尤其是大多数中小企业，充分利用"专利微导航"，能够促使其简单、高效、低成本地利用专利信息、获取专利情报，从而有效促进它们的科技创新活动，使生产经营活动全面高效地开展。

专利微导航与专利分析之间的相互关系如图 1 – 1 所示。

图 1 – 1　各类专利分析关系示意❶

1.2　专利微导航的研究意义

专利微导航立足于企业，着眼于企业涉及的技术、产品技术、研发所关注技术，进行专利微导航分析，因而能更为具体地指导企业的实际工作。专利微导航对企业技术创新、企业战略布局、企业提升核心竞争力、企业产学研合作及企业人才引进具有重要的意义，对企业发展起到重要的促进作用。

1. 提高企业技术创新水平

企业通过跟踪、借鉴世界上最先进的科技成果，利用国内外文献为引进技术、产品开发、海外建厂等方面提供技术创新方向。作为经济发展的基本元素，企业在技术创新时，除需了解现有技术情况及技术演变情况，更需寻找技术研究突破点。而专利微导航针对企业或其产品所涉及的具体分支技术，通过专利分析、专利特征等手段，形成专利竞争者态势、专利技术发展路线图、专利技术功效图等图表，有助于企业了解技术创新基础、技术创新对象以及技术创新突破口，从而实现技术创新。

2. 引导企业战略布局

专利作为创新成果的确权保护重要手段，可反映出竞争者市场布局情况。通过针对企业或其产品所涉及的具体分支技术进行专利微导航，如通过专利地域分析，可了解竞

---

❶ 丁志新. 产业专利导航与企业微导航培训课件［Z］. 知识产权一言堂，2018.

争对手的市场布局情况,寻找市场空白点;亦可通过多种技术竞争对手分析,规避实力强劲对手研发技术点,寻找技术突破点;同时亦可通过技术功效分析,了解现有技术研究热点及空白点,辅助企业调整研发及专利技术布局策略,并进一步结合目前自身业务状态,布局适合自身发展的业务方向和模式,形成企业布局战略,从而促进企业的发展。

3. 提升企业核心竞争力

构建专利技术壁垒和对竞争对手核心专利技术包围,是专利信息运用的重要手段。对于市场上现在比较成熟的技术产品,通过专利微导航,借用专利文献,寻找新的切入点,也可分析目前企业所涉及产品已有相关专利技术情况,对未涉及的技术保护点进行专利布局保护,构建技术壁垒,限制或阻止竞争对手进入该领域。同时,亦可分析竞争对手产品相关专利技术,对涉及该产品但未进行专利技术布局的技术点进行专利布局,形成对竞争对手核心技术专利包围,迫使其专利交叉许可,从而达到企业进入相应市场的目的,提升企业产品覆盖范围。

4. 促进企业产学研合作

产学研合作是指产业、学校、科研机构进行相互合作,资源互补,发挥各自优势,形成集研究、生产于一体的先进综合体。通常而言,学研机构为非营利机构,并不直接面向市场,因此,对市场需求把握能力相对来说较差,但具有较强的技术研究基础及科研实力,而相对来说,企业一般仅关注于其产品所涉及的技术领域,在技术基础研究方面不具有优势,但市场需求把握能力较强,且具有一定的经济实力。因此进行产学研合作,可大大提升企业的技术实力,满足市场需求,同时又为学研机构研究提供相应的经济支撑。通过专利微导航,企业可充分了解现有技术领域企业、学研机构专利的相关情况,提供产学研合作专利信息支撑,从而围绕自身的发展战略,引进和转化高校、科研机构的基础专利、核心专利,形成对核心专利的有效储备,还可以通过专利技术的集成和突破,以核心专利为基础形成专利组合并持续优化,促进产学研协同创新、探索专利商用化的运营模式。

5. 有助于企业人才引进

企业之间的竞争,归根结底为人才方面的竞争。人才一直以来都是企业发展的根本,对企业的发展至关重要,尤其对中小型企业。通过专利微导航,不仅可找出更多适合企业自身创新需求、业务布局外部人才,亦可寻找出企业自身的优秀人才。通过与外部人才进行合作或评估引进,对内部人才适当的研发资源倾斜,从而促进企业的发展。

6. 有助于规避企业的知识产权风险

通过"专利微导航"可规避下列知识产权风险:①研发风险,包含重复研发风险、侵权研发风险、合作研发风险、对外公开风险、专利挖掘风险;②主要竞争对手风险,包含竞争对手核心专利梳理、被诉讼专利风险、许可收购专利风险以及展会参展风险等;③人才引进流失风险,包含员工权属纠纷风险和员工泄露商业秘密风险。可以参考政府已经在施行的重大经济科技活动知识产权分析评议,将企业研发销售人才引进的各项知识产权风险,进行预先的科学管理分析,提高决策质量和优化管理水平。

7. 明确企业创造研发、产品上市的重点方向

通过微导航项目找准企业关注领域的核心专利分布及最新专利公开情况判断创新研发方向，进行专利挖掘，对重点领域进行前瞻性专利分析布局，占领未来市场和技术制高点。对重要产品的专利进行梳理、储备，组建专利池，规划专利布局路线图。

1.3　专利微导航的主要研究内容❶

专利微导航以提升企业竞争力为目标，以专利导航分析为手段，以企业产品开发和专利运营为核心，贯通专利导航、创新引领、产品开发和专利运营，推动专利融入支撑企业创新发展。专利微导航主要包括企业发展现状分析、企业重点产品专利导航分析、企业重点产品开发策略分析、专利导航项目成果应用四个模块方面的内容，如图 1 - 2 所示。

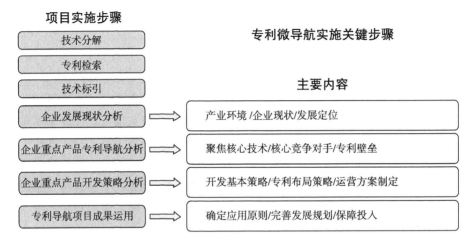

图 1 - 2　专利微导航实施步骤的主要内容

1.3.1　企业发展现状分析

企业发展现状分析主要分析企业的整体发展定位，结合企业的外部发展环境和自身能力水平，立足现状，置身环境，面向未来，找准定位，明确企业重点发展的产品或产品组合，进一步聚焦分析对象和范围。

一、产业环境分析

1. 政策环境

分析企业所在区域、行业的政策导向，尤其对于政策依赖性强的行业，要重点关注政策变动可能给企业带来的市场机遇及风险。

2. 市场环境及需求分析

分析企业所处产业链位置，明晰企业的上下游配套和横向竞争关系；分析相关市场

---

❶ 国家知识产权局. 企业运营类专利导航项目实施导则（暂行）［Z］. 国家知识产权局，2016.

企业集中度、新进入者数量等，分析市场需求层次、竞争强度和竞争格局。

二、企业现状分析

分析企业的整体运行情况和创新水平，包括：企业的发展历程、人力资源、盈利能力、产品结构、创新能力等基本情况。

1. 企业发展历程

通过资料查阅和实地调研，梳理企业发展历程，理清企业的组织架构和管理模式，分析产品技术换代、企业并购重组、经营模式升级等关键节点。

2. 企业规模及盈利能力

掌握企业的年产值、年产值增长率、年利润、年利润增长率、人力资源规模等，对企业的经营规模和盈利能力进行客观评价。

3. 企业产品和技术结构

对企业的主营产品进行梳理，并按照产业链结构进行产品归类。同时，对企业产品相关的技术进行梳理和分类。

4. 企业创新能力

统计企业的年研发投入总额、研发投入占全年营收的百分比、研发人员数量、研发人员占比、新产品销售收入占比、知识产权产出等，对企业的创新资源和能力进行客观评估。

三、发展定位分析

从企业规模、市场份额、创新能力等多个角度综合判断企业的整体定位，从产品、技术等不同方面出发，在上述环境与现状分析基础上，确定企业的具体定位。

1. 产业定位

判断产业发展所处的阶段，比如萌芽期、成长期、成熟期或衰退转型期，专利在不同产业发展阶段的作用不同。

2. 企业定位

分析企业的类型与发展阶段，比如龙头企业、跟随型企业、新进入型企业等类型，或起步期、快速发展期、成熟期、转型期等阶段。

3. 产品定位

根据企业发展战略和知识产权（专利）战略需求，结合市场发展需求，选定一种产品、一类产品或相关联的产品组合（以下统称"重点产品"）作为专利导航分析的目标。对于选定的重点产品，分析其具体类型，比如成熟产品、改进型产品、新产品、下一代产品等。

1.3.2　企业重点产品专利导航分析

企业在明确重点发展产品的基础上，围绕产品相关的关键技术，通过分析产品相关核心专利分布格局，及其对于企业产品开发形成的潜在风险或直接威胁，综合给出企业开发重点产品应该采取的策略和路径。

一、聚焦核心技术

围绕企业需要重点发展的产品，分析产品相关专利，确定企业改造升级或新开发该产品所需突破或引进的材料、装备、工艺等方面的关键技术。

1. 总体趋势分析

分析全球、中国的整体专利申请趋势，掌握重点产品技术发展的整体趋势；进一步绘制全球、中国的专利技术生命周期图，分析重点产品当前所处的技术生命周期阶段。

2. 技术构成分析

按照不同技术分支统计分析全球和中国的专利申请趋势，发现目前或未来技术研发的热点技术分支和热点技术方向；同时，根据专利申请量排名靠前的技术分支的专利申请量占申请总量的比例，从一定程度上分析出产品的活跃技术分支，有助于发现核心技术环节。

3. 专利技术活跃度分析

选择合适的分析时段，统计该区间内重要申请人在各技术分支的专利申请量占该申请人累计总申请量的比重，一定程度上反映技术分支的研发活跃程度和申请人的重要程度。

4. 技术功效矩阵分析

根据重点产品涉及的技术分类体系，结合对应的技术功效，形成技术与功效分类的架构，对相关专利进行技术解读、分类标引和聚类分析，统计分析并绘制功效矩阵图表，利用功效矩阵发现技术研发热点和空白区域。

5. 重点专利分析

选择权利要求数量、引证和被引证次数、专利同族数量、发生异议（或无效、诉讼及许可转让）情况等组成综合衡量指标，筛选出若干件重点专利，分析重点专利的权利要求技术特征构成和主要发明点，并进行技术解读、标注和聚类，通过对重点专利的统计分析揭示技术发展的关键节点，寻找重点产品的核心技术环节和技术点。

二、竞争对手分析

围绕重点发展的产品，从产品相关专利主要持有人入手，识别竞争对手，分析掌握竞争对手的技术布局情况，以及运用专利开展运营的策略和习惯等。

1. 竞争对手识别

（1）统计专利申请人排名

对重点产品或核心技术相关的专利按照申请人申请量进行统计，从排名情况可以发现专利总量较多的竞争者，这些竞争者有可能是企业的竞争对手。

（2）分析专利申请人的集中程度

统计排名前 N 位的申请人的专利申请量总和占总专利申请量的百分比，分析申请人集中程度可以进一步缩小竞争对手的识别范围，同时也有助于分析竞争格局和竞争强度。

（3）分析申请人专利活跃度

申请人专利活跃度是指在一段时期内申请人专利申请数量与该申请人专利申请总量的比值，分析申请人专利活跃度有助于识别和锁定当前需重点考虑和及时跟踪的竞争对手。

（4）分析核心专利或基础专利的申请人

对核心专利或基础专利进行筛选，统计这些专利的申请人情况，从中寻找直接或潜在竞争对手。

2. 竞争对手专利申请趋势分析

对竞争对手的专利按照时间进行统计，分析专利申请趋势，得出时间维度上竞争对手专利的产出规律，进而判断竞争对手在重点产品或核心技术上所处的发展阶段，为开展针对性的专利布局奠定基础。

3. 主要竞争对手研发方向分析

对重点产品涉及专利的申请人进行统计和分析，发现龙头企业和对标企业，对主要或潜在竞争对手的专利布局方向进行分析，综合判断重点产品的技术热点方向。

4. 新进入者技术方向分析

对重点产品相关专利的时间分布进行统计，寻找近期专利申请较活跃、专利申请质量较高的新进入者，结合这些企业的优势产品和技术，分析新进入者的研发动向，寻找重点产品的技术发展方向。

5. 协同创新方向分析

统计重点产品相关专利申请人的合作申请情况，理清龙头企业及主要竞争对手的合作申请对象分布，找出合作申请较集中的技术领域或技术分支，以此为基础判断协同创新的重点方向。

6. 专利运营活动分析

当专利权发生许可、转让甚至诉讼时，可能会引入新的竞争者，这些竞争者有可能成为新的竞争对手，分析竞争对手围绕重点产品布局的重点专利相关权利变更和许可备案等情况，掌握其专利转让、许可等专利运营动向。

三、评估侵权风险

围绕企业重点发展的产品，分析当前面临的专利壁垒情况，评估专利侵权风险程度以及通过产品设计规避侵权专利的可行性。

1. 专利壁垒分析

在关键技术整体专利竞争态势分析基础上，聚焦相关基础性核心专利及其关联专利，评估存在专利壁垒的强弱程度。

2. 专利侵权风险分析

针对企业研发的产品或正在实验的技术方案进行相关专利检索，发现可能的侵权专利，进行技术特征比对，评估侵权的可能性。

3. 专利可规避性分析

当重点产品专利侵权风险较高时，深入分析侵权专利的权利要求结构和覆盖范围，评估通过规避设计突破专利壁垒的可行性。

1.3.3　企业重点产品开发策略分析

在对重点产品专利导航分析的基础上，结合企业发展的现状，给出企业重点产品的开发策略。该模块将专利的布局、储备和运营等环节融入产品开发的全过程中，提高重点产品的创新效率和运营效益。

一、重点产品开发基本策略

基于以上对核心技术、主要竞争对手和专利风险的分析，为企业指明重点产品的开发策略，具体包括：

1. 自主研发策略

对于具有一定研发优势的关键技术，通过专利信息指引，优化研发创新方向，提高研发起点和效率。

2. 合作研发策略

对于具有一定研发基础的关键技术环节，可以结合上述重要申请人分析，通过专利信息指引，寻找合作研发的对象，开展合作研发或订单式研发。

3. 技术引进策略

对于缺乏研究基础的关键技术环节，可以结合上述核心专利分析结果，通过专利信息指引，寻找待引进或获得许可的专利技术，探索引进消化吸收再创新的研发思路。

二、专利布局策略分析

在分析企业现有专利储备格局的基础上，结合企业发展现状和重点产品开发策略，围绕企业产品和技术发展目标，优化企业专利布局策略。

1. 专利布局基础分析

（1）专利布局总体分析。根据企业技术链、专利链的整体梳理情况，分析企业现有专利数量、专利类型、专利技术范围、专利申请时间分布、专利法律状态等，掌握企业专利布局数量、质量以及保护现状。

（2）专利匹配度分析。在企业专利布局整体和分类分析的基础上，对企业专利实力与企业产品开发、技术研发和市场拓展等方面实力或需求的匹配度、支撑度进行分析，评价企业专利布局与市场经营协同情况是否滞后或偏离等。

2. 专利布局方向指引

在企业专利布局定位分析基础上，结合技术发展热点方向，从补原有短板、强现有布局、谋划未来储备3个方面，分析企业专利布局的重点。

（1）原有专利布局短板。从对手企业分析入手，借鉴对手企业专利布局策略，着眼企业现有专利链，立足"补链强链"，找准原有专利布局的短板。

（2）现有技术布局重点。围绕企业在研技术，结合技术发展方向，规避专利侵权风险，优化技术路线，按照产品开发策略确定的自主研发、合作研发或技术引进方式，明晰专利布局重点。

（3）前瞻专利储备重点。在把握技术发展热点方向的基础上，结合企业技术链的结构和重点产品开发策略，分析下一代或中长期储备的预研技术及专利储备重点。

3. 专利布局策划与收储

策划好实施好企业专利布局，是将企业创新能力转换为市场竞争优势的关键；专利收储是专利布局的有益补充，通过专利收购或获得许可，突破自主创新的瓶颈，快速完善企业发展所需的专利储备。根据重点产品的不同开发策略，企业专利布局的着力点不同。

对于采取自主创新策略的重点产品，企业应围绕重点产品加强前瞻专利布局，提高对未来产品的需求引导和市场控制力。

对于采取协同创新策略的重点产品，企业应围绕重点产品加强对原有专利布局的整合与优化，汇聚和梳理不同合作对象的已有专利资产，通过协同创新体系内专利共享的方式，整合形成一批足以支撑重点产品市场拓展的专利布局，并在协同创新过程中进一步补强专利布局。

对于采取引进消化吸收再创新策略的重点产品，企业应围绕企业技术链的薄弱环节，明晰企业专利收储的重点领域，通过专利分析，识别专利收购或获取许可的对象，综合评估拟收储专利的质量和价值，进行自主研发与收储的成本分析，最终确定采取购买、许可或企业并购参股等方式获取专利权或其使用权的收储策略。

三、专利运营方案制定

1. 现有专利分类评级

专利资产分类。基于上述企业专利布局基础分析成果，从技术领域或产品应用等角度，对企业存量专利进行分类，并按照技术结构关系和专利保护范围等，对基础专利、核心专利、外围专利等进行分类。

专利资产评级。按照专利价值分析指标，从法律、技术和经济 3 个维度，对专利或专利组合进行价值评级，评级结果作为后续资产处置、管理保护或发明人奖励等的依据。

2. 专利资产管理方案

按照企业无形资产会计核算和处置的规定，以存量专利资产分类评级结果为基础，结合企业产品、技术和财务等规划，对专利资产予以有效运用、合理处置，分类形成专利失效、转让、许可等有针对性的管理与处置措施。

3. 专利资本化运营方案

从企业融资、投资需求出发，以专利资产为基础开展质押融资、投资入股等，实现专利资本化。一是质押融资，根据企业发展的资金需求，分析企业专利质押的融资成本和当地专利质押融资相关扶持政策，确定企业是否采用专利进行质押融资，并基于专利分类评级的梳理结果，合理选择用于质押的专利包。二是投资入股，根据企业发展定位分析结果，从企业整体生产经营策略出发，选择具有市场前景的优质专利技术，可以采取专利权作价入股的方式，投资设立新的企业实体，引入所需相关产业资源，加速技术熟化和产品开发。

1.3.4　专利导航项目成果应用

企业专利运营决策是企业运营类专利导航项目的成果应用环节，需要企业与专利导航项目团队密切配合，在专利导航分析成果的基础上，结合企业总体定位和整体战略，进一步凝练与甄别，围绕专利运营提升企业竞争力，嵌入企业战略规划、产品开发和技术研发等各个环节，形成企业专利运营总体方案或分项计划，从而实现专利导航企业创新发展。

一、成果应用原则

充分应用企业运营类专利导航项目，全面优化企业专利布局，提升企业专利运营效益和竞争力，要把握以下 3 个原则：

1. 融合性

专利运营涉及企业市场竞争策略、技术与产品开发、投资并购等方方面面，专利分析成果应当融合嵌入企业生产经营活动，服从保障于企业的市场目标，避免脱节。

2. 系统性

专利运营涉及的环节多、链条长，不同环节的着力点和切入点不同，在运用专利分析成果过程中，企业各项决策应当互为支撑、形成体系、发挥合力。

3. 可操作性

基于专利导航分析形成的专利运营总体方案或分项计划，要目标明确、分步有序、匹配资源，确保可实施、可落地。

二、完善相关发展规划

在把握上述原则的基础上，根据企业的管理制度与决策流程，由高层管理者统筹，视需要组织知识产权、研发、规划、产品和投资等部门共同参与，深入理解专利导航分析成果，以成果完善企业相关发展规划。

1. 战略规划

在企业发展现状分析的基础上，结合专利导航分析结果，从企业的发展方向、竞争策略、并购重组等方面，完善企业发展战略规划。

2. 产品规划

与企业现有产品、销售等计划深度对接，在专利导航分析基础上，规避产品上市专利风险，明确重点发展的新产品，不断优化产品结构，推动基于产品的技术集成和专利集成。

3. 技术规划

与企业技术研发部门共同研究，充分运用专利导航分析成果，找准技术研发重点、优化技术创新路线、提高技术创新效率。

三、保障相关资源投入

围绕实施专利导航分析确定的专利运营方案及企业相关发展规划，配套投入相关人力、财务资源，完善知识产权管理流程与制度，加强管理能力建设和外部服务力量支撑，提供与相关发展规划和运营方案相匹配的资源保障。

第2章 专利微导航的流程与方法

2.1 专利微导航分析的流程

2.1.1 总体流程

总体流程一般包括项目准备、数据采集处理、专利微导航分析和专利微导航项目报告的形成与成果应用四个阶段。每个阶段都包括多个环节，如分析准备阶段包括成立分析项目组（包括服务机构项目组和企业团队项目组）、制订工作计划、技术及行业调研和技术项目分解等环节，其中有些环节还进一步包括多个具体步骤。例如，专利检索环节包括初步检索、修正检索式、提取专利数据3个步骤。另外，在项目实施前期准备阶段中可根据需要加入调研环节，有些分析研究项目，需要在项目实施的中期开展中期评估，评估后，可能需要对分析方向以及某些环节进行调整，各阶段的具体工作环节如表2-1所示。在分析实施的过程中，项目组还需将内部质量的控制和管理贯穿始终。

表 2-1 专利微导航分析的总体流程

阶　段	主要工作环节	阶段成果评价
项目准备阶段	◆项目立项 ◆组建项目组 ◆制订工作计划 ◆开展技术、行业调研，形成调研报告 ◆形成技术分解初稿 ◆确定技术分解表	开题评议
数据采集处理阶段	◆选择数据库 ◆确定检索策略 ◆检索和去噪 ◆专家讨论 ◆数据采集和加工 ◆数据标引	数据结果评估
专利微导航分析阶段	◆企业所处产业环境分析 ◆企业发展现状分析 ◆企业重点产品专利导航分析 ◆企业重点产品开发策略分析	中期评审

阶　　段	主要工作环节	阶段成果评价
专利微导航项目 报告的形成与成果应用	◆专家讨论 ◆确定专利微导航项目成果报告框架 ◆完成专利微导航项目成果报告 ◆优化企业专利布局 ◆成果推广应用	结题评审

2.1.2　具体步骤

一、项目准备阶段

在项目准备阶段的主要工作环节包括成立项目组、制订工作计划、了解技术及行业现状和技术项目分解等，其中开题评议是对课题准备阶段工作成果的阶段性评价。

1. 成立项目组

根据企业专利微导航项目的要求，选择相应人员组建项目组，由服务机构项目组和企业项目组组成。组建项目组是对项目研究管理和成果获得的关键，项目组人员选择得是否恰当是决定项目研究质量的关键因素。成立项目组还要注意项目组的人员构成、项目组成员的职责、项目目标定位及成员能力要求。项目组成员通常包括服务机构的项目负责人、项目组成员以及企业项目组的技术团队。

2. 制订工作计划

制订工作计划是在项目组成立后开始的一个重要环节，工作计划制订得好坏会影响到分析项目的顺利开展。工作计划书是项目正式开始的书面文件，内容可以对整个项目的开展进行全盘规划，其重点是对项目开展的时间、任务以及经费管理等进行安排。工作计划在执行中可以根据实际发生情况进行适当调整，但整体要求应该相对明确，对于主要任务完成的时间节点的控制和管理应当清晰。

3. 开展技术和行业的调研

了解技术和行业的现状是分析准备阶段的重要环节之一，该工作的成果会对后续的技术项目分解产生直接的影响，进而对整个项目的分析结果产生较大的影响。通常了解技术及行业现状的手段包括相关文献的收集以及产业环境、技术和市场调研。其中，相关文献的收集包括收集专利技术文献以及非专利文献。在对相关文献收集整理的基础上，还可开展技术和市场调研，通过现场调研并与相关行业的技术专家和产业专利深入座谈，可进一步加深对技术和市场现状的熟悉程度，对于形成符合行业和技术特点的技术分解起到至关重要的作用。

4. 技术分解

技术分解是课题分析阶段的重要工作之一，准确的技术分解可以为后续专利检索和分析提供科学的、多样化的数据支撑。

（1）技术分解的重要性

尽管《国际专利分类表》（IPC）已经对专利信息进行了分类，便于审查员迅速有效地从庞大的专利文献中检索到所需的技术和法律信息，但是这样的分类体系并不能充分满足技术项目分解的需要，因为技术项目分解一方面要依据行业内技术分类的习惯，同时也要兼顾专利检索的特定需求以及课题所确定分析目标的需求，使得分解后的技术重点既反映产业的发展方向又便于检索操作。因此，技术项目分解对于后续的专利检索和分析，以及科学性地得到分析结果起着不可或缺的作用。

（2）技术分解的基本原则

一般情况下，在考虑专利分类以及行业习惯的基础上，技术项目可以按照技术特征、工艺流程、产品或者用途等进行分解。通常可以采取行业内技术分类为主、专利分类为辅同时兼顾分析课题需求的基本原则进行分解。

通常而言，一个行业从其产生、发展乃至形成规模必然会形成该行业相对成熟的行业规范或者标准。而以行业内技术分类为主，可以从客观上把握技术的实质以及技术发展演变的脉络，便于课题分析的报告更贴近行业内技术发展的现状以及趋势，使得课题报告对于应用者而言，即企业、高校或研究所等课题应用机构更具有实际意义。

而现有的国际以及各个国家的分类体系的最终目的是便于审查员在最短的时间内从专利文献中检索到相关的现有技术，这与专利分析课题的目的是截然不同的。专利分类体系与行业常使用的技术分类会存在差异，因此采用行业分类为主、专利分类为辅的原则是比较恰当的。

通常情况下，课题的技术分解要遵循上述原则，但是在特定情况下，课题的技术分解还需要兼顾课题的实际需求。在涉及某些特定技术领域或者在行业分类尚不明确的情况下，遵循专利分类优先的原则可能更有利于项目分解的准确性。

二、数据采集处理阶段

数据采集处理阶段是在前面阶段的基础上，按照分析目标的特点以及项目技术分解结果的基础开展专利数据的采集和处理，该阶段主要的工作包括数据检索、专家讨论和数据加工处理三个环节。其中每个环节还包括多个步骤，例如数据检索环节包括数据库选择、制定检索策略、初步检索、补充检索、数据去噪和检索结果确定等步骤。将专家讨论环节设置在数据采集阶段，主要考虑到数据采集是关系到最终研究成果准确性与否的关键阶段，所以在此需要设置特别的环节以确保研究的质量。当然，在认为其他阶段也需要专家参与时，均可设置该专家讨论的环节。

1. 数据检索

（1）数据库选择

数据库的选择应当由熟悉检索技术和数据库特点的课题人员确定，应当充分考虑分析需要的项目和可能的分析维度后确定，应当包括多个互为补充的数据库。通常情况下，可以将项目的分析目标、数据库收录文献特点、数据库提供的检索字段等方面作为选择数据库的依据。

（2）制定检索策略

检索策略的制定是专利分析工作的重要环节，应当充分研究项目的行业背景、技术领域，并结合所选数据库资源的特点制定适当的检索策略。一般来说，在对项目所涉及技术内容进行详细分解后，应尽可能列举与技术主题相关的关键词和分类号，同时确定关键词、分类号之间的关系，编制初步检索策略，然后通过初步检索的结果动态修正检索策略，以实现最佳的检索效果。

（3）初步检索

根据编制完成的检索式和选定的数据库特点（如数据库的逻辑运算符、截词符、各种检索项输入格式要求等），选择小范围时间跨度提取数据，完成初步检索步骤。

（4）补充检索

在初步检索结果的基础上，仔细分析初步检索结果，考虑初步检索结果是否遗漏，如果存在遗漏则开展补充检索。

（5）数据去噪

在对照分析初步检索和补充检索的检索式基础上，进一步详细分析补充检索获得的结果，对查全率和查准率进行评估，去掉一些不必要的噪声。

（6）检索结果确定

最后，确定检索结果后下载最终检索结果，形成专利分析的原始数据。在原始数据的基础上开展后续环节。

2. 专家讨论

项目进入实施阶段后，可在"专利检索"步骤后设置专家讨论环节。通过邀请相关方面的专家对课题组已进行的工作从管理层面和技术层面进行指导，确保课题组后续的研究工作能有效、实用地进行。当然，也可以不必拘泥于本书所规定的专家讨论环节的启动时间，即在认为有必要咨询相关专家时，如项目启动之初、确定分析目标或是项目分解等环节，均可以组织专家进行讨论，以利于项目的后续实施。在专家的选择上，可依据研究团队的构成决定所选专家的特长方向，如果研究团队偏向专利审查，所选专家就应以产业和技术专家为主，如果研究团队主要由本领域技术人员组成，则所选专家就应以熟知专利审查审批或对各国专利制度比较熟悉的专家为主。当然，专家队伍中还应包括情报研究和政策研究等人员。

3. 数据加工处理

数据检索完成之后，应当依据技术分解后的技术内容对采集的数据进行加工整理，形成分析样本数据库。数据加工处理主要包括数据转换、数据清洗和数据标引等环节。

（1）数据转换

数据转换是数据加工的首要步骤，这是由于检索数据库导出的数据格式不同，要进行统一标引和统计，就需进行数据表示格式的转换，将检索到的原始数据转化为统一的、可操作的和便于统计分析的格式，例如 Excel、Access 的文件格式。

（2）数据清洗

数据清洗实质上是对数据的进一步加工处理，目的是为了保证本质上属于同一类型的数据最终能够被聚集到一起，作为一组数据进行分析，如果对数据不加以整理或合并，在统计分析时就会产生一定程度的误差，进而影响到整个分析结果的准确。数据清洗包括数据规范和重复专利两种清洗模式。数据规范是指规范不同数据库来源的数据结果在著录项目、数据库标引和表示方式上的不同。重复专利是指不同数据库中会存在同一目标专利以及同族专利造成的数量重复情况，要根据去重原则进行数据的精简。

（3）数据标引

数据标引就是根据不同的分析目标，利用软件或者人工方式在清洗之后的数据中加入相应的规范性的标引，从而为下一步的分析提供特定的数据项。其中规范性的标引包括著录项目标引和技术内容标引，著录项目标引是在数据库著录项目基础上确定的，技术内容标引是在技术分解表的基础上根据项目特点确定的，如图 2 - 1 所示。

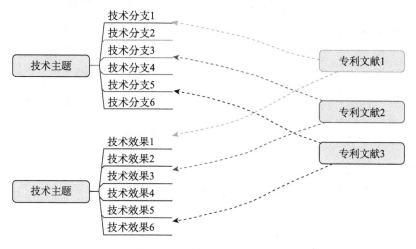

图 2 - 1　专利文献标引示意

三、专利微导航分析阶段

1. 企业发展现状分析

企业发展现状分析的具体内容如图 2 - 2 和图 2 - 3 所示。

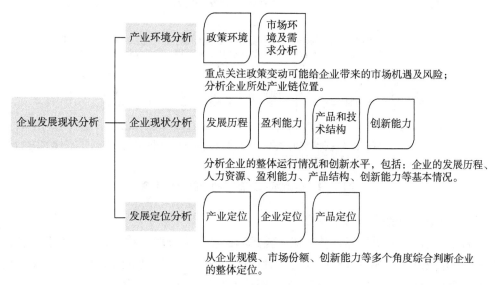

图 2 - 2　企业发展现状分析示意

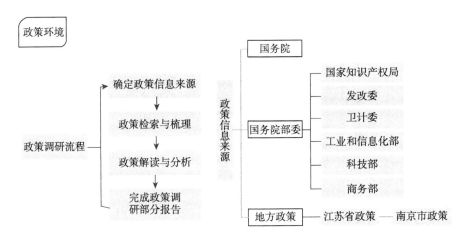

图 2 - 3　企业政策环境分析示意

2. 企业重点产品专利导航分析

企业重点产品专利导航分析的具体内容如图 2 - 4 所示。

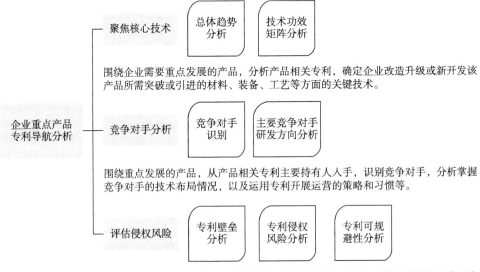

图 2 - 4　企业重点产品专利导航分析示意

3. 企业重点产品开发策略分析

按照专利价值分析指标，从法律、技术和经济 3 个维度，对专利或专利组合进行价值评级，评级结果作为后续资产处置、管理保护或发明人奖励等的依据，对企业重点产品开发策略进行分析。例如，图 2 - 5 为医药专利分类评级指标体系。

指标分类	一级指标	二级指标
技术指标	技术演变	引用情况、被引情况
	技术类型	新化学实体、新剂型、新适应症
	安全性和有效性	药物靶点数量、药物开发阶段
市场指标	市场容量	治疗领域、市场占有率
	竞争强度	竞争产品数量、竞争对手数量
法律指标	专利保护范围	权利要求数量、同族数量
	专利规避的难度	专利组合规模
	程序问题	专利年龄、法律纠纷、PCT 申请

图 2 - 5　医药专利分类评级指标体系

四、专利微导航项目报告的形成与成果应用

专家讨论确定专利微导航项目成果报告的框架，然后项目组成员完成专利微导航项目成果的报告，按照融合性、系统性和可操作性的原则，充分应用企业运营类专利导航项目，全面优化企业专利布局，提升企业专利运营效益和竞争力；根据企业的管理制度与决策流程，由高层管理者统筹，视需要组织知识产权、研发、规划、产品和投资等部门共同参与，深入理解专利导航分析成果，以成果完善企业相关发展规划；围绕实施专利导航分析确定的专利运营方案及企业相关发展规划，配套投入相关人力、财务资源，完善知识产权管理流程与制度，加强管理能力建设和外部服务力量支撑，保障相关资源的投入，如图 2 - 6 所示。

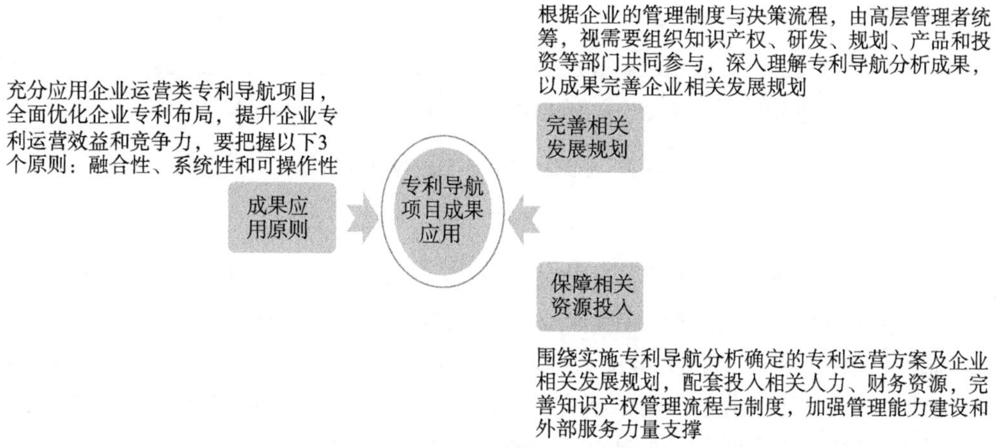

根据企业的管理制度与决策流程，由高层管理者统筹，视需要组织知识产权、研发、规划、产品和投资等部门共同参与，深入理解专利导航分析成果，以成果完善企业相关发展规划

充分应用企业运营类专利导航项目，全面优化企业专利布局，提升企业专利运营效益和竞争力，要把握以下 3 个原则：融合性、系统性和可操作性

成果应用原则

完善相关发展规划

专利导航项目成果应用

保障相关资源投入

围绕实施专利导航分析确定的专利运营方案及企业相关发展规划，配套投入相关人力、财务资源，完善知识产权管理流程与制度，加强管理能力建设和外部服务力量支撑

图 2 - 6　企业专利微导航项目成果应用示意

2.2 专利微导航的常用方法

2.2.1 统计频次排序法

1. 数量统计

从专利信息分析的难易性上看，针对专利申请数量或专利授权数量进行的统计行为是最为基础性的工作。在具体的操作环节，可以根据分析目的制定相应的统计策略，主要包括以下几方面：通过进行逐年统计某技术领域专利申请数量/授权数量的时序分析，可以看出技术大体的演变趋势；通过统计某技术领域的专利类型的数量对比关系，可以判断出此技术的研发水平以及专利申请人对此技术的重视程度。

[应用实例]

以"压缩机某部件专利创新报告"项目为例，报告中利用专利信息分析中此部件在每年的专利申请数量进行了频次排序操作。数据截止日期是 2014 年 12 月 31 日，涉及此部件的专利申请量共 2669 项。通过研究这些专利数据中专利申请量随时间变化的情况（见图 2-7），我们发现，针对此部件的研究从 1978 年开始在专利文献中有了体现，且在 2000 年之前一直处于"不温不火"的研发态势，年均专利产出量仅为 16.5 项；2000 年以后，业界对其研发逐渐加强，开始了一波专利布局和技术产出的浪潮，年均产出数量达到了 108 项；进入 21 世纪 10 年代以后，研发驱动性进一步加强，专利年均产出量维持在一个更高的水平，年均增长率也创新高，技术创新处于较"激烈"的态势，预示着针对此部件的技术研发逐步趋于成熟。

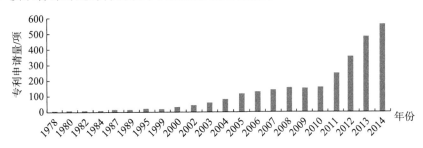

图 2-7 压缩机某部件全球专利申请量

2. 专利分类信息统计

从专利信息分析的角度看，目前在专利分类统计上主要采用国际专利分类号（IPC）和联合专利分类（CPC）进行专利数量的统计和频次排序分析工作。在进行具体的专利数量统计工作时，针对本技术领域涉及的特定 IPC（CPC）分类号的专利数量，进行统计和频次排序的分析，可以研究出发明创新中活跃度最高的部分，从而预测出此技术领域中可能出现发明创造的新技术和热点技术。利用 IPC（CPC）分类号和时间因素的组合研究，还可以看出特定技术的发展趋势。另外，通过统计 IPC（CPC）分类号对应专利数量在特定年份之间的变化情况（例如增长率），还能看出此领域研发人员比较热衷的技术类别。

[应用实例]

以"某计算机类部件专利分析报告"项目为例，报告采集了有关某部件所属技术领域中的专利申请量数据。根据 IPC 小类信息进行统计，并进一步制作成了频次排序表，如表 2-2 所示。其中前 30 位 IPC 小类所指代的专利申请数据总和为 54589 件，约占此领域专利申请总量的 62.6%，所以用前 30 位的 IPC 小类从一定程度上可以反映此技术领域总的发展热点构成。从此表可以看出，G06F（电数字数据处理）所占的专利申请数量最大，有超过一半的申请份额是关于这个领域的，其次是 H04L（数字信息的传输，如电报通信）和 H04N（图像通信，如电视）两个类别，合计占据总申请量的11.5%，以上 3 个小类相关的技术是目前此领域的热点技术范畴，读者可以更清晰地了解关键技术点所处的区间，从而指导更深层次的研发及市场策略的制定。

表 2-2　计算机某部件专利申请中前 30 位 IPC 排名

排　名	IPC	申请量（件）
1	G06F	30882
2	H04L	4055
3	H04N	2213
4	G06T	1583
5	A61B	1511
6	G06K	1357
7	G06Q	1265
8	G05B	1124
9	H04W	1079
10	H04M	887
11	G09B	865
12	G11B	691
13	H01B	634
14	G01N	620
15	H05K	606
16	H01R	549
17	H04B	515
18	F16M	447
19	H01L	372
20	H04Q	364

续表

排　名	IPC	申请量（件）
21	A47B	349
22	G09G	347
23	G01C	331
24	G10L	321
25	H02J	320
26	G01R	284
27	B08B	268
28	G08B	261
29	G05D	252
30	G03B	237

3. 国别信息统计

国别信息统计指的是根据专利申请国别信息或专利优先权国别统计的专利申请数量或授权数量，研究相关国家的科技发展战略及其在各个特定技术领域所处的地位。通过研究特定国家/地区在某技术领域专利的申请量或授权量，能够从侧面反映出包括此技术的科技形式的投资组合和活跃度状况，从而制定相应的市场策略。

[应用实例]

表 2 - 3 统计的是 2004 年中国、德国、英国、法国、韩国、美国以及日本 7 个国家在压缩机某部件 4 个技术分支中的专利授权量。从表中可以发现：英国在技术上分布较为均衡，其中系统结构、数据采集和操作执行 3 个技术分支的专利授权量最多，韩国则在操作判断、数据采集以及操作执行 3 个技术分支方面的专利授权量较为集中，美国在系统结构和数据采集两方面进行了较多的专利授权，日本对此部件的专利审核较为严格，除了操作执行授权 12 项专利外，其他 3 个技术分支的授权量均较少。所以通过这种表格式的频次统计行为，非常有助于读者了解特定时间范围内各国家的科研重点和研发热点。

表 2 - 3　中国、德国、英国等国家 2004 年压缩机某部件专利授权量　　单位：项

技术分支	技术国别分布						
	中国	德国	英国	法国	韩国	美国	日本
系统结构	17	7	21	17	9	17	8
数据采集	13	17	17	6	18	21	7
操作判断	1	14	9	1	24	1	2
操作执行	10	2	18	18	18	4	12

4. 人员因素统计排序

人员因素统计排序指的是按照申请（专利权）人或发明人在专利申请或专利授权量上的数据进行统计和排序，进而分析出相应的结果。

其中，申请（专利权）人分析即实际意义上的竞争对手分析，在申请人排名分析的基础上，针对专利分析行为的委托方的具体情况，将排名在委托方之前，以及排名不高但委托方比较关注的企业/个人作为主要的竞争对手，再对这些主要竞争对手做合并处理（即合并申请人操作）后，进行专利的补充检索，形成专门的数据库，从而帮助委托方及时地观察到竞争对手产品产出对本企业的影响，以便从战略角度对自身发展做出正确的决策。

发明人分析也是很重要的分析切入点，通过对某特定单个发明人进行分析，可以明确其擅长的研究领域，而通过对目标企业在特定技术领域的发明人进行分析，可以了解主要研发人员或研发团队的研发实力，从而获得有益的技术信息。

5. 技术领域关键词频次排序分析

技术领域主题的关键词频次排序分析主要通过文本挖掘或自然语言技术的手段，实现对此领域中技术主题词相关的专利数量、趋势、构成等情况进行统计和频次排序，并借助可视化的工具制作出直观的图表。从结果上看，数量排名靠前或是正向趋势较为明显的主题词对应的技术内容通常为重点/热点技术。

［应用实例］

在"新型烟草企业专利导航分析报告"项目中，针对某一技术方案采集的专利数据（数据采集时间：1985～2017 年 8 月）主要涉及：雾化头（专利 98 项），套管（专利 96 项），雾化座（专利 96 项），控制器（专利 94 项）等，通过表 2 - 4 可以直观地反映出此技术方案专利的应用情况。

表 2 - 4　烟草企业某一技术领域关键词频次排序分析

序　号	主要关键词	专利数（项）
1	雾化头	98
2	套管	96
3	雾化座	96
4	控制器	94
5	连接	94
6	加热元件	91
7	三极管	84
8	分段式	83
9	加热棒	76
10	可变	67
11	内壁	57

续表

序　号	主要关键词	专 利 数（项）
12	卡接	54
13	可拆卸	53
14	加热区	50
15	中草药提取物	42
16	加热式	28
17	发热层	21
18	乙醇	13

6. 专利族的规模统计

专利家族的规模大小（同族专利的多少），会反映出某一项技术被重视的程度；同时，专利家族的区域分布情况可以反映出专利权属机构的市场发展规划；这种区域分布的变化，也可以反映出专利权属机构市场战略的改变。所以，通过同族专利分析，可以得知某技术的区域保护范围，了解专利权人的市场动向，同时得到这一技术的区域分布的空白点等信息。

2.2.2　时间序列法

从数据分析的角度看，时间序列法是专利微导航分析中很常用的数学模型，其利用均匀时间间隔内对研究对象的同一个变量进行统计和分析，以便掌握这些统计数据依照时间变化的规律。其中，这些专利变量包括专利分类号信息、申请人及其所属国别信息、专利被引证次数信息等。例如，通过对专利申请量或授权量随时间变化的分析，研究技术领域的现状；通过专利申请人、专利申请趋势与时间的对应关系揭示特定技术领域在一定时间跨度内参与技术竞争的竞争者数量，从而看出相关技术领域的技术生命周期信息。而且，以时间序列分析为基础进行回归趋势分析，能够有效地预测此技术领域可能的发展方向。

值得注意的是，在利用时间序列法进行技术趋势的操作时，需要有足够大的历史数据统计样本来构成一个合理长度的时间序列。鉴于专利文献是一个数量庞大、年代跨度大的数据集合，所以利用专利信息数据进行时间序列分析往往能够收到很好的预测效果。❶

2.2.3　技术生命周期研究

从专利分析意义上讲，技术生命周期分析是指在专利技术发展的不同阶段中，专利申请量与专利申请人数量之间通常的周期性规律，适当地使用技术生命周期的理论可以更好地协助研发机构确定当前技术所处的发展阶段、推测未来技术的发展方向以及预测

---

❶ 陈燕，黄迎燕，方建国，等. 专利信息采集与分析［M］. 北京：清华大学出版社，2006：257–261.

技术的发展极限，进而进行技术的系统性管理和研发的有效性调配。

总体来说，技术生命周期主要经过萌芽期、成长期、成熟期和衰退期四个发展阶段。萌芽期时，专利数量较少，大多是原理性的基础专利，参与技术研发的企业数量较少、技术方向上也有较大的不确定性，研发成果主要以发明专利的形式予以保护，出现基础专利的可能性较大；成长期时，新技术继续往纵向和横向转移、延伸，其应用逐渐扩展、逐渐遍及相关领域，技术的吸引力显现，从而导致更多的企业相继开始投入研发，表现为大量的相关专利申请和专利申请人的激增；成熟期时，研发技术趋于成熟，由于市场有限，进入的企业开始趋缓，此时，各种改进型发明专利、实用新型专利大量涌现，但专利增长速度降低，且发明专利的比例减小，同时，由于技术的成熟，专利申请人数量基本维持不变；衰退期时，专利技术日渐陈旧，企业因收益递减而纷纷退出市场，也导致相关的发明专利、新型专利会明显减少，每年申请的专利数和企业数都呈负增长，而外观设计专利、商标申请会相对增多。整个行业将期待新的、替代性技术的出现。目前对技术生命周期的描述方式主要包括 S 曲线测算法、专利数量测算法、多指标测量法等❶。

[应用实例]

在"压缩机某部件专利导航分析报告"项目中，根据全球范围内采集的此部件专利数据来研究其技术生命周期。

数据采集范围涵盖 2015 年以前的产出专利数据，通过计算每年专利申请量和专利申请人数量之间的关系，绘制出相应的技术生命周期图（见图 2 - 8）。

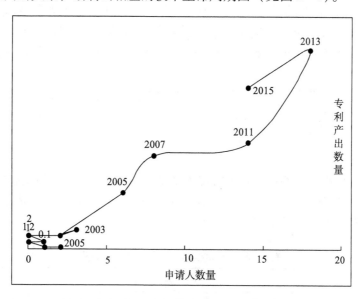

图 2 - 8　压缩机某系统部件技术生命周期分析

从上述的技术生命周期分析可以看出，目前此技术领域的技术生命周期大体经历了技术萌芽期、技术成长期、技术成熟期以及技术重新发展期，详细情况如下：

❶　何彦东，范伟，於锦，等 . 基于专利生命周期的技术创新信息研究 ［J］. 情报杂志，2017（7）：74 - 76.

技术萌芽期（1995 年以前），此阶段历年的专利申请量和申请人的数目都一直处于上下徘徊状态，由于技术概念刚刚提出，故此阶段申请人的数量与专利申请的绝对量都不高；而从具体技术的实现方式上看，此阶段公开的技术方案相对来说还比较简单，大多数是原理性的基础发明专利。

技术成长期（1996 ~ 2007 年），此阶段随着研发技术的不断发展，容纳市场的范围不断扩大，创新性技术对申请人的吸引力开始凸显，介入本技术领域的申请人数量增多，很多重要的企业和发明人相继投入技术研发过程中。

技术成熟期（2008 ~ 2011 年），相对于萌芽期和成长期，此阶段的申请人数量增长趋缓，相对应的专利增长速度变慢并趋于暂时性的稳定。由于此时符合此技术领域应用需求的技术功效改善的边际率依然高于研发资源的投入力度，所以此阶段的技术创新形态多为对原有主流技术小范围内的改进。

技术重新发展期（2012 年至今），此阶段虽然依然没有特别大的创新性的技术出现，但由于 2012 年以来，全球压缩机的应用空间日益扩大，从市场角度为技术研发重新注入了活力，相应地使得进入此技术领域进行研发的申请人数量增长加快，一批新的进入者也都开始在此领域研发并有专利的技术产出，使得此阶段总体的专利产出数量大幅度增加，技术又重新进入发展期。

所以，综上分析，压缩机中此部件的技术发展现在依然处于发展期。

2.2.4 技术功效矩阵分析

专利技术功效矩阵分析指的是对专利文献涵盖的技术主题内容和技术方案主要技术功能之间的特征研究，可以研究出专利申请在关键技术点上不同的技术需求上的集中度，较为集中的可确定为重点和/或热点技术，而申请量较少甚至申请缺失的，可以认为是暂时的空白点技术。

专利技术功效矩阵分析的操作步骤是首先对技术内容进行分支和功效的分类，针对每种技术内容的实现效果进行归纳和标引，以技术分支为纵轴、功效为横轴绘制成表格，用功能—效果矩阵图表的形式表现出来。

[应用实例]

表 2 - 5 是绘制的压缩机某部件的技术功效矩阵，其中共涉及此部件的系统结构、数据采集以及操作判断 3 个技术分支，效果涵盖通用性、安全性、可靠性、集成性、用户体验、便捷性、提高精度、节能环保和实时性等。

表 2 - 5　压缩机某部件的技术功效矩阵

技术分支	效　　果								
	通用性	安全性	可靠性	集成性	用户体验	便捷性	提高精度	节能环保	实时性
系统结构	6	14	13	0	13	13	8	2	11
数据采集	8	12	14	2	8	7	7	0	15
操作判断	2	10	10	2	3	6	3	0	2

通过详细标引和阅读通用此技术领域的专利文献全文，可以发现提升可靠性和安全性是目前此部件技术改进的主要方向，另外在提高实时性和便捷性方面也有一定的涉及，而在如何提升系统集成性和节能环保方面的研究相对来说较少。

2.2.5　技术发展线路图

在专利信息分析中，利用技术发展路线，能为技术开发提供战略性研究和政策优先顺序研究提供技术、信息基础以及与数据对话的框架，从而为研发提供决策依据，以便更好地提升决策效率。

[应用实例]

在"低风速风机叶片翼型技术发展路线分析❶"（见图 2-9）中，作者对梳理风机叶片翼型技术的发展演进情况进行了整理和展示。

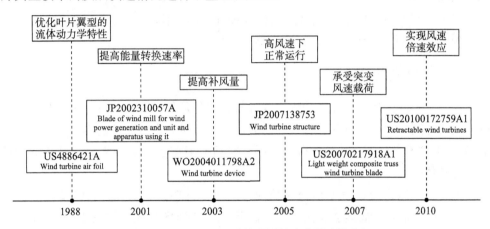

图 2-9　低风速风机叶片翼型技术发展路线分析

通过图 2-9 中梳理风机叶片翼型技术的发展演进情况，可见风机叶片翼型技术的实用性不断提高，叶片流体动力学特性优化奠定了翼型设计的技术理论基础，开启了这一技术市场，随后通过失速问题的解决，不同风速条件下运行的兼顾，突变风力载荷的承受能力优化，完善了低风速叶片翼型的技术。近年来，随着技术发展的不断深入，将材料和控制技术引入了叶片技术，使得叶片翼型的生产制造和操作运行更加具备可操作性。

在此发展路线分析中，每个阶段都有比较典型的专利产出，具体描述如下：

1988 年，美国专利 US4886421A 提出了优化叶片翼型的流体动力学特性，通过迎风面提高气流压力，背面降低气流压力形成压力降，优化层流气流的技术方案实现风机叶片在低风速情况下的高效运行。这一技术原理此后被 40 多件专利所引用，引领了低风速风机叶片翼型优化改造的技术发展。

2000 年之后，低风速风电技术逐渐引起风电市场的重视，相关技术研发开始进入发展阶段，解决低风速情况下风机启动性能成为研究重点，例如日本专利 JP2002310057A

---

❶　陈燕，黄迎燕，方建国，等. 专利信息采集与分析 [M]. 北京：清华大学出版社，2006：260-263.

提出了圆弧形弯板组合成中空圆柱体，提高了能量转换效率。

2003 年，进一步考虑解决低风速风机的失速问题，例如美国 Illinois 大学研发了螺旋扭转叶片配合直翼型叶片（WO2004011798A2），增加捕风量、减小空气阻力的同时，控制失速状况。

2005 年，在此基础上，市场研发方向开始转向，适应大范围不同风速条件下的风机，日本专利 JP2007138753 研制了一种风机叶片形状可根据风力调节的风机，既可在微风下轻松旋转，也能够经受台风风力。

2007 年，随着技术的逐步成熟，研发者们将叶片翼型、材料、制造成本等不同因素综合考虑，在确保叶片翼型的流体动力学特性能够承受突变风力载荷的同时，采用了低成本轻质的材料，例如美国 Modular 风能有限公司所研制的具有脊柱的叶片（US20070217918A1）。

2010 年，叶片技术开发者们将控制技术引入了叶片设计，例如美国专利 US201001727759A1 所设计的风轮可伸缩型的风机。

2.2.6 技术角度分析

专利技术角度分析法是专利功效矩阵分析方法的延伸。在专利信息定性分析中，分析师采用将专利文献按照材料、特性、动力、结构、时间 5 方面的内容进行再加工，整理成 MPEST 技术角度图，从技术分类入手，将研究对象进行分群来揭示被研究的技术领域的专利特征。

另外，还可以将分析角度划分为处理、效果、材料、加工、产品以及结构 6 个方面，且对每个方面进行特定含义上的延伸，形成 TEMPOS 地图，如表 2-6 所示。在实际工作中也可以将类与类进行组合，如材料与处理方法，材料与产品等，形成多种矩阵图表，来研究技术重点或技术空白点。

上述的两种图形表示方法的结果显示均很直观，能清晰地显示出专利文献中所蕴含的技术特征，是专利信息分析中的一种深层次定性分析方法。但无论是 MPEST 技术角度图还是 TEMPOS 地图，这种分析方法所反映的技术特征，有时并不是专利文献中直接提及的，在加工过程中，现阶段尚需要一定的人工干预。虽然在标引过程中需要对相关专利文献数据进行一定程度的二次加工和分类才能够实现，但随着目前信息处理技术的不断发展和自然语言技术的不断应用，人工干预的力度已经在逐渐得到缓解❶。

表 2-6 技术角度分类示意

技术分析角度		概念的延伸
T	处理（treatment）	温度（temperature）、速率（velocity）、时间（time）、频率（frequency）和压力（pressure）等
E	效果（effect）	目标（purpose）、履行（performance）和功效（efficiency）等

---

❶ 陈燕，黄迎燕，方建国，等. 专利信息采集与分析 [M]. 北京：清华大学出版社，2006：260-263.

续表

	技术分析角度	概念的延伸
M	材料（material）	材料（material）、成分（component）、混合物或化合物（compound）和附加物（addition）等
P	加工（process）	制造方法（manufacturing）、系统（system）和程序（procedure）等
O	产品（product）	产品（product）、部件（parts）、结果（results）和产量（outputs）等
S	结构（structure）	结构（structure）、形状（form）、图样或装置（device）、组分（compound）和电路（circuit）等

2.2.7　引文分析

专利引文分析是通过对大规模专利引文文献的抽象、归纳、总结和比较，利用统计学、计量学、数学的方法，对专利之间的引用现象进行分析，以反映技术及企业之间的潜在关联和规律特征的专利计量分析方法。专利引文分析可以单纯地进行定量分析，如被引频次分析；也可以用两个或多个定量指标进行组合分析；也可以单纯地进行定性专利引证地图分析，如专利引文的共引与耦合分析，探究专利挖掘和布局策略；也可以进行定量和定性相结合的分析（或称之为拟定量分析），如基于专利引文树的技术路线图分析。专利引文分析方法发展到现在可谓繁杂多样，为了便于学习应用，本文尝试从分析要素和维度、引文方向等将其进行归纳和分类。

1. 引用频次分析

如果某项专利被某一技术领域的改进专利大量引用，就表明该项专利在该技术领域具有较强的先进性和明显的创新性。专利被引次数是体现专利价值的重要标准，被大量引用的专利对后来的发明创造具有重要的启示作用和极大的参考价值，在进行专利交叉许可谈判中的作用也比其他一般专利重要得多。如果某一申请人（或发明人）拥有占比数量多、维持有效的高被引的核心专利，则说明该申请人（或发明人）在行业中更具有技术竞争优势，在产业中处于技术强势地位，对行业的技术创新具有领导和带动作用❶。

2. 引证树分析

将专利文献的前后引证关系以引证链的形式完整地展现出来并加以分析就是引证树分析。引证树分析有助于理清技术的发展脉络和发展方向，是制作和分析专利技术路线的必要分析手段，引证树分析还可以以专利申请人为视角分析竞争关系和技术源头及传承情况❷。

3. 引文指标组合分析

以专利引文分析指标为基础，辅以其他一些专利分析指标或手段，是当前专利分析

❶ 段异兵. 高影响力中国海外发明专利的引文分析 [J]. 科学学研究，2009（5）：228 – 234.

❷ Iwan von Warburga, Thorsten Teicherta, Katja Rostb. Inventive Progress Measured by Multi-stage Patent Citation Analysis [J]. Research Policy, 2005, 34 (10): 1591 – 1607.

方法的一个研究热点。如最为常见的专利价值分析指标体系，几乎都以专利被引频次作为一项主要或重要的参考指标。在评价一个企业的技术实力时，通常会利用即时影响指数、科学关联度、技术强度、技术循环周期等专利引文分析指标，辅以专利族规模、诉讼情况、权利要求数量等指标进行综合分析。

4. 引文聚类地图分析

我们已知具有直接引证关系的两篇或多篇专利中一定存在某种技术联系，那么具有间接引证关系的两篇或多篇专利之间是否也存在某种技术联系？答案是肯定的，而且可以利用某一个或多个引文分析指标或某个领域的多个专利群之间的直接和间接引证关系进行聚类分析❶。例如可以将被引频次达到某一频次的专利进行聚类，以分析该领域的核心技术和基础技术，也可以利用专利与专利之间的共引关系进行聚类，用以分析研究方向、应用领域或者不同专利申请人之间的竞争关系等，还可以利用围绕某一核心专利外围引证情况探究某企业的专利挖掘和布局策略。

5. 引文时间维度分析

根据专利引用文献的授权时间顺序，将某一研究主体在某一技术领域申请专利所引用的一组专利文献进行排序，可以了解该研究主体在该技术领域的发展历史及随时间变化的情况❷。通过评价某一国家或机构在某一技术领域专利申请的技术生命周期，即在该技术领域申请的专利所引用的专利文献的时间序列分布，就可以分析该国家或研究机构在该领域的技术研发周期和技术创新速度，如目标专利引用专利技术或科技论文的公开日期的时间跨度越短，则该国家或机构在该技术领域的发明活动越活跃，技术和产品更新换代的速度越快，越容易在竞争中获得优势。把这一思想运用在评估公司技术创新力和对技术变化做出反应的能力上，我们可以通过技术循环周期这一指标来达到目的。技术循环周期是指一个公司在某一技术领域内的所有专利与它们所引用专利之间的时间间隔的平均值。因为是平均值，它反映了该公司技术发展的总体速度，这个值越小，说明该公司能够运用最新的技术并在此基础上更快地进行技术革新；而值越大，则说明该公司对技术变化的反应越迟钝，很容易因失去技术创新的机会而落后。一个以技术制胜的公司或企业应该经常对自己和竞争公司的技术循环周期进行评估，以了解自己在该领域所处的地位并及时地做出调整。

6. 技术输出国分析

根据某领域目标专利群所引用专利文献最早优先权的申请人国籍，可以发现技术发源国（技术输出国）；同理，根据某领域目标专利群的被引专利文献的最早优先权的申请人国籍，可以进一步进行技术溢出流向分析❸。综合以上两个方面，还可以分析国家间的技术关联度、技术实力以及技术竞争情况等。如果同时考虑时间要素，则可以更为动态地展现不同国家在不同时期的技术侧重点以及某分支技术研发热点地域的变

---

❶ 李运景，侯汉清. 引文分析可视化研究 [J]. 情报学报，2007，22（2）：301 – 308.

❷ 杨壁嘉，张旭. 专利网络分析在技术路线图中的应用 [J]. 情报分析与研究，2008（5）：61 – 66.

❸ 黄鲁成，蔡爽. 基于专利的技术跃迁实证研究 [J]. 科研管理，2009，30（2）：64 – 69.

迁等❶。

7. 专利权人分析

通过对某领域重点专利的他引和自引情况，可以分析某一研究主体在某一领域的技术先进性和独立性，还可以分析该研究主体的技术研发策略和保护布局策略。如技术独立性越高，则说明该研究主体在该技术领域的研发工作具有一定的体系，注重自身技术的创新和延续；技术独立性越低，则说明该研究主体在该技术领域的研发工作是跟随其他研究主体的技术进行扩充和改进❷。此外，根据专利引用文献所属的不同专利权人，将某一研究主体在某一研究领域申请专利的一组专利引用文献进行分类统计，可以了解该研究主体在该技术领域对其他研究主体的技术依赖程度，为技术合作或技术引进提供参考。

8. 高被引分析

高被引分析是以某领域或某地区的被引频次较高的一组专利进行分析的一种方法。有时在筛选高被引专利的时候会考虑累计引文次数，或者利用引用矩阵的形式将高频引用的专利凸显出来，这些专利技术往往就是该领域关键的核心技术即重要专利❸。这种分析方法以高被引的一组专利为视角，可以分析某领域的技术源头，也可以继续追踪前向引文特别是它们引用的科技文献，追溯基础研究的源头，也可以利用高被引分析得出主要技术来源国、主要申请人和核心发明人（团队）。还有人利用某领域的一项（一组）高被引专利被引频次随时间的变化趋势判定该技术的技术生命周期。对于高被引分析，最新的研究热点是找出新兴产业发展密切相关的基础研究，帮助后发国家的企业利用好"机会窗口"，正确把握研究方向，积极主动进行专利布局，把握技术制高点。

9. 前后向引文分析

专利引文分析方法主要有前向和后向引文分析。前向和后向引文指依据目标专利构建引用清单，直观化引用信息。

前向引文分析是对目标专利被在后专利申请的所引用情况的分析，后向引文分析是对目标专利引用在先专利文献情况的分析（见图 2 - 10）。前向引文分析不仅能够判断目标专利被关注或重视的情况，还能够帮助分析目标专利的技术要点和技术分支；后向引文分析不仅能揭示一项新技术的技术基础和背景技术，还能够帮助分析目标专利的技术应用扩展研究情况（见图 2 - 11）。目前，大多数专利信息分析工具能够提供专利引文的前后引证关系信息，专利引文的前后引证关系分析已经成为一种常用的专利分析手段。

---

❶ M. M. S. Karki. Patent citation analysis: a policy analysis tool [J]. World Patent Information, 1997, 19 (4): 269 - 272.

❷ 许玲玲. 运用专利分析进行竞争对手跟踪 [J]. 情报科学, 2005, 23 (8): 1270 - 1275.

❸ 杨中楷，梁永霞，刘则渊. 美国专利商标局十个高被引专利的计量分析 [J]. 科技政策与管理, 2008 (11): 35 - 39.

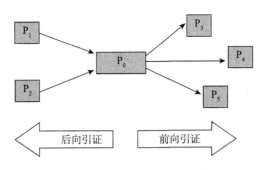

图 2 - 10　专利引文关系示意

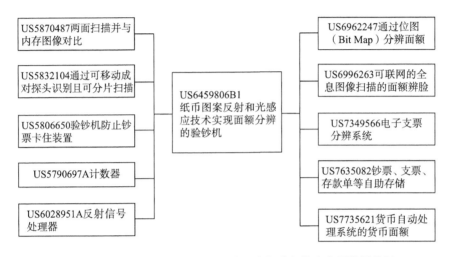

图 2 - 11　基于前后引证关系的技术要点细分与技术应用扩展分析

10. 旁系引文分析

对前向和后向引文的综合研究，可有效地寻找没有直接关联的平行专利，从而提高信息分析的质量和专利检索的查全率。例如专利引文旁系分析，用来识别那些与专利主题没有直接引用联系但却非常相关的专利文档（见图 2 - 12）。

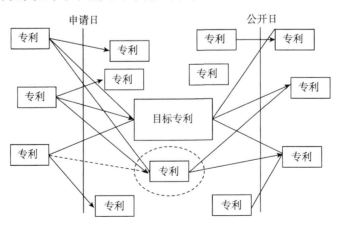

图 2 - 12　旁系引文分析示例——鉴别与主题专利同期的相似专利

11. 同被引和耦合引文分析

与其他科学文献一样，专利文献之间不止具有直接引用关系，也存在同被引和耦合的现象（见图2-13）。专利同被引是指两项专利同时被其他专利引用的现象，同时引用两项专利的其他专利的数量称为专利同被引强度；专利耦合是指两项专利同时引用其他专利的现象，这两项专利同时引用其他专利的数量称为专利耦合强度❶。根据文献计量学的研究表明，专利共引强度或专利耦合强度越高，则说明两项专利的内容联系越紧密，利用专利共引分析和专利耦合分析可以分析不同研究主体的技术关联关系和技术关联强度，揭示研究主体的技术分布规律、预测研究主体的技术发展趋势。

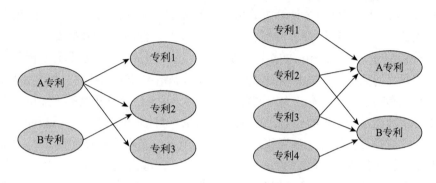

图2-13　专利同被引（左）和专利耦合（右）情况示例

"同被引"概念最早于1973年由美国情报学家 Henry Small 和苏联情报学家 I. V. Marshakova 提出。对文献同被引的分析是基于这样一个前提：具有同被引关系的文献A和B，在主题内容上具有某种程度的相关性，这种相关性随着文献对（A和B）同被引次数的提高而提高。所以，对专利文献同被引矩阵（n 个基本专利文献基于同被引强度形成的 $n \times n$ 矩阵）的分析可以在特定范围内发现专利文献之间的联系（技术发展脉络）和核心文献（核心技术）等。

通过动态追踪同被引关系，可以有效发现基础专利并描绘技术的演化轨迹。具有同被引关系的专利是在某一主题内容上具有基础性的相关专利群，在时间的推移过程中，这种相关性随着同被引频次的增高而增高。在不同的时间界面，专利同被引矩阵在不断变化，表现出动态的基础技术演变图景。耦合关系展现的是由发明人或审查员所决定的施引文献间的关联关系，是主观静态的图景。引用耦合是发明人的相类似关注行为的结果，这种行为结果源于行为目标的相似性——关注和研发相似的技术，因此专利引文的耦合能够反映协同创新的情况。有学者认为引用耦合分析稳定性和实效性较好，在反映技术竞争情况、协同创新方面以及相似技术的筛选和判定方面具有优势，而在展现专利技术发展脉络、抓取基础核心专利技术等方面，同被引引文分析更为适用。

---

❶ 李睿，张玲玲，郭世月. 专利同被引聚类与专利引用耦合聚类的对比分析［J］. 图书管理工作，2012（4）：91-95.

2.2.8 聚类分析

聚类分析（cluster analysis），是以大量对象的统计数据为基础，根据数据的不同特征，把具有相似性的一些数据划分为不同类群的方法总称，因其是以数量方式进行分类，又称为数值分类学，在社会学应用中也有专家将其称为类型学。它的目的是使得属于同一类别的个体之间的差异尽可能小，而不同类别上的个体间的差异尽可能大。尽管人类进行分类工作已有很长的历史，但真正以数量方式对复杂对象进行定量分类的聚类分析方法还只是近三十年的事。由于聚类分析具有揭示分析对象事先不为人知的各种相关关系的特别功能，借助当今计算机技术的迅猛发展以及强大的计算机储存能力，使这项数值分类方法广泛应用于竞争情报、知识产权以及其他高新技术领域。

聚类分析和分类分析有相似的作用，都是起到分类的目的，但是聚类分析和分类分析的方法有着很大的区别。分类分析是已知分类然后总结出分类规则，一种有指导的学习；而聚类分析则是有了一批样本，不知道它们的分类，甚至连分成几类都不知道，希望用某种方法把样本数据进行合理的分类，使得同一类的样本性质比较接近，不同种类的样本性质相差很大。聚类分析作为一种无指导和无示例学习，它不需要预先定义类的特点或属性，而是从数据中发现潜在性的模式（类或者群），从而能更好地体现智能性。

聚类分析方法有多种不同的划分形式，其中较为常见的有逐步聚类法、系统聚类法、图示聚类法、模糊聚类法等。聚类分析研究相关关系所用的尺度是相似度（similarity），而类别的判定准则一般是依据距离最小或相似最大的原则。图形是聚类分析结果的重要表示方式，在图形模式下人们很容易找到数据中可能存在的模式、关联和异常等问题，使用户能快速直观地分析数据。

在聚类分析算法中，具有代表性的聚类算法主要有❶：

①K-means 聚类算法。K-means 聚类算法是最常用的基于划分的方法，它以 k 为参数，把 n 个对象分为 k 个簇，以使簇内具有较高的相似度，而簇间的相似度最低。相似度的计算根据一个簇中所有对象的平均值（被看作簇的重心）来进行。

②矩阵聚类算法（Matrix Clustering Algorithm，MCA）。它从稀疏矩阵中提取密度较大的区域来进行聚类，把用户与资源的关系变换为 1 或 0 的关系。聚类的结果代表某个用户群体对某类资源集合感兴趣。通过 MCA 算法，数据对象（用户或资源项）可能分布在多个簇中。

③类层次结构算法（Build Classification）。类层次结构算法能根据各个类之间的相似程度形成类层次结构，从而能有效反映类之间的相似性。因为考虑到在类层次结构中的类不是非常多，所以类层次结构算法采用自底向上的分层聚类方法。它避免了一些系统必须按照某些拓扑结构进行分层聚类的方法。此外，当相似度小于某一指定的阈值时就不进行聚类分析，而不必像一些分层聚类方法那样直接合并到只剩下一个类为止的情况，这样做加快了聚类速度。

④其他。如 Lingo 聚类算法。

---

❶ 潘伟. 个性化信息服务关键技术——聚类分析［J］. 现代情报，2007（10）：212 - 214.

第3章 专利微导航的行业技术分解

3.1 行业专利技术分解的基本概念

行业专利技术分解是指依据专利文献的分布，对分析对象按照技术构成、产品类别、工艺方法等进行的划分。行业专利技术分解是结合专利分析的特点对所分析的技术领域做进一步的细化和分类，是围绕研究的技术主题进行的，既要方便研究分析人员进行专利数据检索，还要得到行业从业人员的认可。因此，它既不等同于专利分类，也和行业技术分类有一定的区别。其结构形式和国际专利分类 IPC 中所采用的大类、小类、大组和小组等划分方式类似，采用一级、二级、三级和四级技术分支的划分结构，根据专利分析的实际需求和行业的具体特点，将所分析的技术主题细分出不同层级的技术分支。其内容，在一级、二级技术分支应当涵盖该技术领域的主要技术，在三级、四级技术分支上应当突出关键技术。一般情况下，可按技术特征、工艺流程、产品或使用用途等进行技术分解。

行业专利技术分解在专利分析过程中非常重要，一个准确的技术分解对了解行业状况、检索专利信息以及检索结果处理等都具有非常重要的意义，不仅可以帮助专利分析人员在专利检索和分析之前了解产业发展和行业技术发展状况，还能帮助专利分析人员准确地了解行业各技术分支的情况，使专利分析人员对于整体技术主题从宏观到微观都心中有数。因此专利技术分解得准确与否，直接影响到专利数据检索的全面性、准确性以及专利分析的质量。

3.2 行业专利技术分解的目的及意义

一般来讲，行业专利技术分解主要有以下几个目的及意义：

一、了解行业整体情况，保障了与行业的交流效果

行业专利技术分解是根据行业或产业特点对技术主题做进一步细化，其不同于专利分类标准。行业专利技术分解与产业结合更为紧密，通过行业专利技术分解可以了解到该行业内的主要技术构成、产业结构情况等，这种结合行业的实际情况与行业进行的深层次沟通，保障了与行业的交流效果。

二、有助于确定专利检索要素及界定专利分析范围，便于专利检索

行业专利技术分解是将整个待分析的技术主题做进一步细化的过程。对宏观的技术主题划分出较为细化的技术主题，还可对较为细化的技术主题进一步细化，得到更为细致的技术分支。而针对更为细化的技术分支进行检索，能更有效且全面地检索到相关专利。如表 3-1 所示，进行技术分解后就可快速地确定检索的主题范围。

表 3-1 3D 显示技术的技术分解

一级分类	二级分类	三级分类
3D 显示	眼镜式	分色技术
		分光技术
		分时技术
		头盔式
	裸眼式	光壁障技术
		透镜技术
		指向光源技术

三、便于数据清理和标引的指南，有助于数据处理

类似于国际专利分类 IPC 的分级结构，将待分析的技术主题进一步细化后，细化的技术分支一般包含相应的检索结果。因此，在对检索结果进行数据处理时，可以针对某一特定的技术分支进行批量标引，从而提高标引的效率。

四、有助于梳理分析的关键点，便于选取研究重点

一般而言，企业的经营范围只是涉及某一行业中具体的一个或几个技术分支。因此，他们也会关注这些具体技术分支的发展趋势、研究主体、关键点等信息。所以，在进行专利分析时，需要根据实际需求，对整个技术主题进行分解，细分出各层级的技术分支，从而揭示其发展趋势、研究主体等信息，为企业研发或进入新的技术领域提供决策参考信息。

五、有助于理清报告撰写思路，保证报告的技术价值

可根据行业技术分解的技术分支脉络或顺序依次撰写产业的专利分析报告，这样既方便分析与撰写报告，又能保证专利分析报告的质量与技术价值。

3.3 行业专利技术分解的原则

一、尊重行业习惯

技术分解表中的各技术分支之间的上下级关系以及同级之间的关系应当符合行业习惯，并且各级技术分支应当突出重点，符合行业创新主体关注重点的需求。

二、有利于关键技术分支的剥离，尽量减少技术交叉，方便专利文献检索

形成技术分解表后，在对各技术分支进行检索时，各技术分支应当是适于检索的，并且适于后续的标引工作。各技术分支定义准确，并且各技术分支相互之间边界清楚，应当认为是适于检索和标引的。

三、关键技术分支的专利文献量适中

由于在技术分解完成后，后续还要进行数据检索、数据清理、数据标引等环节，各关键技术分支的文献覆盖量应当适宜，以便保证待统计分析的数据样本有意义且可兼顾工作效率。对于关键技术分支数据过大的项目，可考虑采用对其进一步分解的方式解决。一般情况下，需要分析的专利量尽量在数百篇到千篇之间，各技术领域根据其实际情况可略有不同，这样在数据清理、标引过程中就可以极大地提高效率和准确率，并且在后续过程中更容易绘制专利分析图表并进行相应分析。

3.4 行业专利技术分解的操作流程

行业专利技术分解表是多种因素作用的最终产物，绝不是对行业分类体系或对 IPC 的简单照搬，考虑到专利信息分析项目的最终用途是指引企业发展，且需要兼顾项目实施过程中的进度效率，因此，制定专利技术分解表的原则可以归纳为"尊重行业习惯，方便专利检索"。根据上述原则，项目组可以在面临复杂情形时进行灵活取舍，从而制作出符合项目定位的技术分解表。有些专家提出，为了方便数据处理，制定专利技术分解表的原则还应当包括"专利文献量适中"，这种提法有其现实合理性，但本书的观点是一切技术分解都要满足产业的认知度和接受度，如果产业技术发展的现状确实存在明显"偏科"的情况，那么项目承担方不宜对其进行主观修正，但可以进行深入划分，以客观地反映现实状况。制定专利技术分解表的常规操作流程如图 3 – 1 所示。

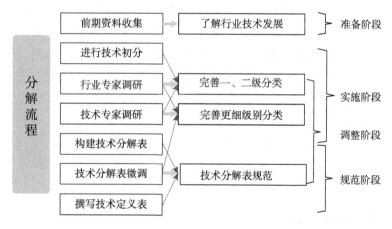

图 3 – 1 专利技术分解的常规操作流程示意

3.5 行业专利技术分解的常用方法

为了与行业技术标准和分类一致，行业专利技术分解一般应根据行业内技术分类的惯例进行，同时参考教科书或综述文献等方面内容。此外，考虑到专利分析的专利特性，还应参考专利的相关分类体系（例如，IPC、EC、F-Term 等分类体系）来进行行业专利技术分解。最后，针对各专利分析课题的独特性，也可根据各课题组的研究需要进行相应的调整。

3.5.1　专利分类方法

在进行技术分解时，常用的分解方式是按照各种专利分类体系对待分析的技术主题进行分类。一般分类标准选择包括国际专利分类（IPC）、美国专利分类（UC）、欧洲专利分类（EC）以及日本专利分类（FI/F-Term）等。采用专利分类号进行分类，其特点是在已有分类体系的情况下，稍做修改即可，无需重新设置新的技术分解，但前提是已有的行业专利分类体系与行业内技术分类标准差别不大或基本一致。此外，采用专利分类号进行技术分解后，由于某一技术分支对应某一专利分类号，所以便于对技术主题进行检索，并且有助于对检索结果进行数据处理。但是，这种分类也存在一些缺点，其分类不能构成完整的技术体系，较分散，当某一技术主题的专利分类与行业产业分类相差较大时，会造成分析结果和产业脱节，从而失去对行业、企业的指导意义。

3.5.2　行业分类方法

行业是国民经济中同性质的生产或其他经济社会的经营单位或者个体的组织结构体系的详细划分，其从产生到不断发展的过程中形成了自身独有的标准和规范。因此，在进行技术分解时参考行业分类标准可以加深了解技术的本质和演变，并且根据行业分类标准确定的技术分解更能契合行业发展态势及现状，这样的分析结果更易于被企业所认可和接受。但是需要在前期进行大量的行业背景技术的调研，在进行行业专利技术分解过程中需要咨询行业的技术专家和产业专家，不断调整技术分解的结果。此外，根据行业标准分类进行技术分解后，在检索和数据处理方面的工作量也可能大于基于专利分类形成的技术分解的工作量。任何一个行业都有一些约定俗成的行业技术分类习惯。这些分类都具有自己的特色，要么体系严谨，要么应用方便，都是经过大量的经验积累沉淀下来的并能被本行业从业人员广泛接受的分类。因此，课题组在进行技术分解时应当尊重行业习惯，充分了解行业分类背后形成的原因，并知晓其优缺点。

行业分类可按照产品类型、产品结构、产业链进行技术分解，也可以按照产品间包含共有技术等进行技术分解，如图 3 - 2 和图 3 - 3 所示。

3.5.3　学科分类方法

在行业专利技术分解中，对于一些较为基础的技术主题，也可以参考教科书中已给出的分类原则来进行技术分解。教科书作为一门课程的核心教学材料，其对某学科现有知识和成果进行了综合归纳和系统阐述，其在材料的筛选、概念的解释和不同技术分支或学派的介绍方面具有全面、系统和准确的特征。因此在进行技术分解时，可以参考教科书中介绍的相关技术分类，特别是在某一技术主题的专利分类和行业分类尚不明确的情况下，学科分类也具有一定的借鉴和参考意义。但要引起注意的是，学科分类虽然有成体系、全面等优点，但也有偏向基础研究、与技术发展不同步的缺点。

3.5.4　综合分类方法

一般情况下，行业专利技术分解应当首先考虑行业分类标准，其次考虑专利分类标

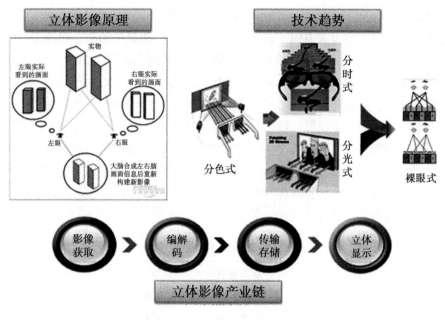

图 3-2　立体影像产业链示意

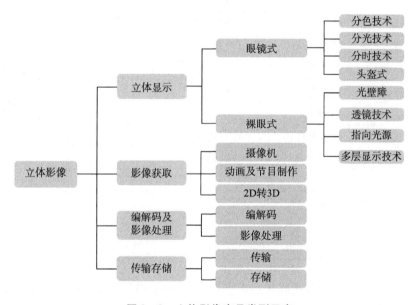

图 3-3　立体影像产品类型示意

准和学科分类标准。在实际进行技术分解中，课题组可以根据待分析技术主题的特点来灵活确定技术分解方式。例如，当某一技术主题涉及某些特定技术领域和技术标准的专利分析时，通常专利分类标准要优于行业分类标准和学科分类标准。当行业分类标准不明确的情况下，采用专利分类标准更有利于保证技术分解的准确性。此时，可先采用专利分类标准对技术主题进行分解，然后根据行业专家的意见或根据行业标准进行不断调整，以使其综合专利分类标准和行业分类标准的优点，形成一个准确并便于检索和数据处理的行业专利技术分解。

【案例 3 – 1】 切削刀具专利技术分解的分类分析❶

刀具行业的分类方法大致有以下几种：①行业分类，按具体刀具产品来分类，例如：车刀，铣刀，刨刀，钻头，丝锥等；②专利分类体系，主要为国际专利分类即 IPC 分类体系，其特点是：按应用领域为主，间杂着刀具种类及其相关的技术点；③行业标准，主要以产品分类，例如：麻花钻、锪钻、扩孔钻；立铣刀、三面刃铣刀、锯片铣刀、键槽铣刀、可转位铣刀；矩形花键拉刀、键槽拉刀、圆拉刀；可转位车刀；丝锥；绞刀；板牙；插齿刀；④行业习惯，例如美国切削刀具协会（USCTI）的分类是：硬质合金刀具、钻/绞刀具、金属切削锯片、铣刀、聚晶金刚石刀具、聚晶立方氮化硼刀具、棒料、表面涂层、螺纹丝锥、刀架及其他；⑤商业分类，按刀具及相关产业链的产品、主要提供的技术支持来分类，这种分类主要是针对客户需求，如表 3 – 2 所示。

表 3 – 2　国内刀具商业分类❷

刀具材料	刀具产品	加工设备	加工市场	刀具相关
钨基硬质合金	车削刀具	加工中心	金属加工	刀杆刀柄
钛基硬质合金	铣削刀具	数控车床	模具加工	夹头夹具
氧化物陶瓷	孔加工刀具	数控磨床	零部件加工	刀具涂层
氮化物陶瓷	数控刀具	数控钻床	五金工具加工	磨料产品
立方氮化硼	螺纹刀具	数控成型	其他	切削液
工具钢	齿轮刀具	特种专用		润滑油
进口材料	切断刀具	普通机床		刀具软件
金刚石	机用锯片	测量仪器		其他
其他	机械刀具	数控系统		
	特种非标	其他		
	拉刀			
	锉刀			
	刨刀			
	其他			

以上各种分类方法都有其优缺点，虽然在其适用的场合都基本能满足使用要求，但是对于本案例的研究来说有一些不足。例如刀具产品具有共性的制备工艺、制备材料技术；对于主要涉及制备工艺、制备材料的专利申请不好划分界限；且技术主题相关的分类号太多；涉及工艺的专利申请部分由于应用范围较广，专利文献噪声太大，无法凸显关键技术点；而涉及具体产品种类的专利申请，分类太细，各细分类下的专利文献数量不均，有的分类不足以形成研究样本等。因此不能满足本案例的研究需要，必须建立新

---

❶ 王冀，叶珺君，等. 专利信息分析实训［M］. 北京：北京大学出版社，2017.

❷ 杨铁军. 切削加工刀具行业专利分析报告［M］//产业专利分析报告（第 3 册）. 北京：知识产权出版社，2011.

的技术分解表。

由此可见，实际进行技术分解时可以以上述 3 种分类方法为基准，推荐首先考虑行业分类方法，其次考虑专利分类方法和学科分类方法。当然，项目组也可以根据待分析的技术主题的特点来灵活确定技术分解方式。例如，当某一技术主题涉及某些传统行业的特定技术领域时，通常专利分类方法要优于行业分类方法和学科分类方法，或者在行业分类方法不明确的情况下，采用专利分类方法更有利于保证技术分解的准确性，这时可以先采用专利分类方法对技术主题进行分解，然后根据行业专家意见或行业标准进行不断调整，以使其能够结合专利分类体系和行业分类体系的优点，形成一个准确并便于检索和数据处理的技术分解。

3.5.5　行业专利技术分解方法的常见途径及案例

技术分解的常用分解途径如图 3 - 4 所示，有时同一项目其技术分解的途径不同，所形成的技术分解也可能不相同，如按照光网络产业链形成的技术分解图（见图 3 - 5）与依据光网络关键技术 + 产业构成所形成的技术分解图（见图 3 - 6）就完全不同。

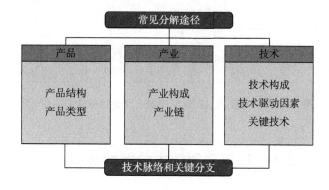

图 3 - 4　技术分解的常用分解途径示意

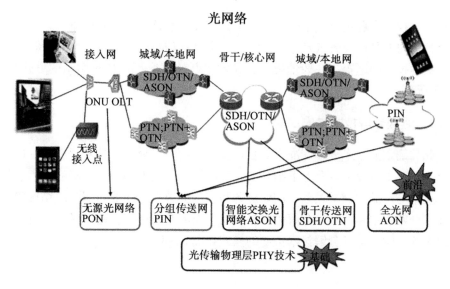

图 3 - 5　产业链的光网络行业专利技术分解

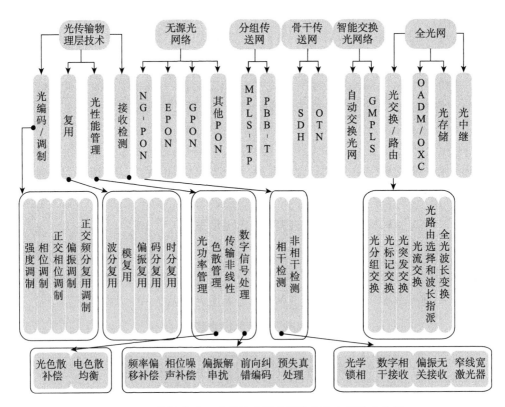

图3-6　关键技术+产业构成的光网络行业专利技术分解

3.6　行业专利技术分解的具体步骤

3.6.1　研究产业概况和技术的发展方向

在对某一技术主题进行技术分解时，首先需要了解该技术主题的概况，即该技术主题在整个行业内的具体位置（产业中的上、下游）以及该技术主题所包括的主要方法和所要解决的技术问题等。一般情况下，技术主题的概况可以通过图示的方式来表现，如图3-7所示。

3.6.2　逐级分解技术主题

根据此前确定的技术分解标准，对目标技术主题进行分解。技术分解的一般思路包括：由上及下、由下及上以及上下结合的3种模式。影响专利技术分解的因素包括技术成熟度、技术与产品的交叉关系、产业链各环节的关节点、企业内部组织结构等，通常而言，技术分解表中越上级的分解越容易受到产业因素的影响，越下级的分解越容易受到技术因素的影响。常见分解技术主题的模式如图3-8所示。

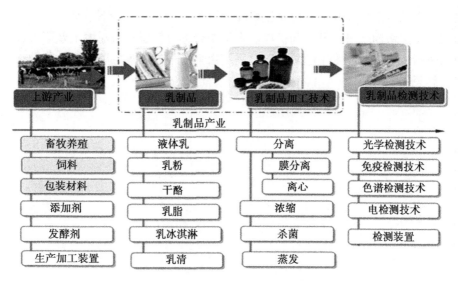

图 3 – 7　乳制品产业技术发展概况

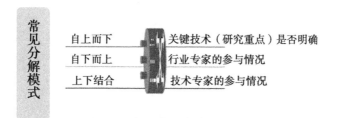

图 3 – 8　专利技术分解的常见模式

以由上及下分解思路为例，在进行技术分解时，可以参考技术主题的概况和发展路线，从最上位的技术分支依次进行分解，将最为上位的技术分支分解为较为下位的技术分支，然后再对较为下位的技术分支进一步分解，将其分解为更为详细、具体的下位技术分支，直到分解到需要进行分析的重要技术分支。逐级分解技术主题的结果可用图（见图 3 – 9）或表格展示。

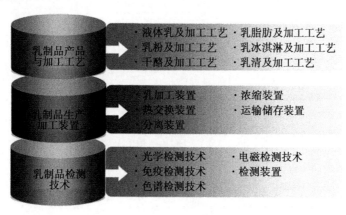

图 3 – 9　乳制品的主题技术分解

　　由下及上的分解思路与上述思路正好相反，是从技术主题最下层级入手，对构成要件进行列举后逐级向上进行概括和扩展。上下结合的分解思路是对由上及下、由下及上两种方式进行组合，对技术主题的一部分采用由上及下的分解思路，另一部分采用由下及上的分解思路。

第 4 章　专利微导航分析

4.1　核心专利分析

核心专利分析主要应用于确定技术领域中的基础专利或核心专利，是指在分析样本中，对相关数据进行加工、处理和分析归纳，再利用专利引证率分析、技术关联分析、同族专利规模分析、布拉德福文献离散定律等多种信息分析方法，综合研判相关技术领域的基础专利或核心专利。其中对相关数据进行加工和处理通常要借助专业的分析工具进行。核心专利分析包括专利引证分析、同族专利规模分析、技术关联与聚类分析和布拉德福文献离散定律的应用等。

4.1.1　专利引证分析

专利的引证信息可以识别孤立的专利（这些专利很少被其他的专利引用）和活跃的专利，如果一项专利被在其之后申请的大量专利引证，则表明它们是影响力较大的专利，或是具有更高的价值。换言之，在相同技术领域中，专利被引用次数越多，越表明对其后发明者的思想越重要，这使得它们更有价值，也反映出该专利技术的重要程度。

专利引证分析是指在分析样本中，通过对专利引证率的统计和排序分析，或者在引证率的统计和排序的基础上绘制专利引证树来研判相关技术领域的核心技术或基础专利。

【案例 4 - 1】全球羽毛球专利引证分析

以羽毛球为技术主题，在德温特创新索引数据库（英文全称 Derwent Innovations Index）中提取 1968 ~ 2015 年公开的专利文献，截至 2015 年 6 月 9 日，有关羽毛球的专利共 3705 项，按照专利被引证的次数排名，取前 20 位，结果如表 4 - 1 所示。从表 4 - 1 中我们可以看出国际羽毛球专利中核心专利的各项指标分布情况，在核心专利前 20 名中，德国占了 5 项，被引频次共计 197 次；意大利占了 6 项，被引频次共计 187 次；美国占了 5 项，被引频次共计 114 次；法国、中国台湾和日本各占 1 项，被引频次分别为 27 次、20 次、19 次。从核心专利被引总频次上看，德国和意大利优势明显，美国次之；从核心专利授权国家上看，意大利、德国和美国在核心专利的数量上优势明显；从核心专利被引频次看，在羽毛球核心专利中，被引频次排名第一的是由德国的 HUANG I 申请的专利 WO9419990 - A，其被引频次为 90 次，该专利主要针对羽毛球拍柄的设计进行研发。排名次席的是由意大利的 DOERR M L 申请的专利 EP547553 - A，其被引频次为 85 次，该专利主要针对羽毛球拍的材料进行研发，从而增强羽毛球拍的弹性及强度。同时 WO9419990 - A、EP547553 - A 这两项专利被引证次数均超过 85 次，而且比其他排名靠前的专利高出 45 ~ 70 次以上，说明这两项专利所代表的技术内容是羽毛球领域中的核心技术。

表 4 - 1　国际羽毛球专利引证频次排名

序　号	发明人	国家（地区）	专利号	专利主题	引证频次
1	HUANG I	德国	WO9419990 - A	羽毛球球拍柄设计	90
2	DOERR M L	意大利	EP547553 - A	羽毛球球拍材质	85
3	BURROUGHS B	德国	WO2010065836 - A2	运动监测设备	38
4	MACAIRE R	意大利	EP306418 - A1	羽毛球球拍弹性设计	35
5	KNOWLES B D	美国	US2007087804 - A1	游戏模拟器设计	27
6	ANDERIE W	法国	FR2434587 - A1	室内运动鞋底设计	27
7	FRANKLIN D N	美国	US2006052178 - A1	羽毛球球拍框架设计	26
8	ENDO S	德国	WO2004111819 - A1	便携式游戏模拟器	26
9	HOFFBERG S M	美国	US7219449 - B1	智能运动鞋设计	25
10	AVNI O	德国	WO9605766 - A	运动监测设备	23
11	WU M T	中国台湾	TW286484 - B	运动跟踪设备	20
12	JANES R	德国	WO200009219 - A	羽毛球球拍框架设计	20
13	FARRINGTON J A	美国	US2005261073 - A1	运动中信号传输系统	19
14	ITO F	日本	JP2000024143 - A	羽毛球球拍框的设计	19
15	MIFUNE S	意大利	EP1302226 - A2	游戏模拟器设计	18
16	CARDEN R	美国	US6284014 - B1	羽毛球球拍的材质	17
17	SUZUE H	意大利	EP816123 - A	羽毛球球拍的材质	17
18	PALUMBO G	加拿大	CA2562042 - A1	金属纳米材料的使用	16
19	ONO H	意大利	EP974379 - A	球拍杆的强度设计	16
20	DUGARDIN G	意大利	EP233128 - A1	碳纤维材料的使用	16

【案例 4 - 2】全球生物侦查检验技术专利引证分析

在所采集的七国两组织（中国、美国、日本、德国、英国、法国、瑞士、欧洲专利局、世界知识产权组织）的生物侦查检验技术专利数据中，按照专利引证率进行统计排序，并选择排名靠前的专利。例如，对 US4582789A 和 US2004053254A1 做进一步引证分析，以此研究该领域重点专利以及技术的发展过程，如图 4 - 1 和图 4 - 2 所示。

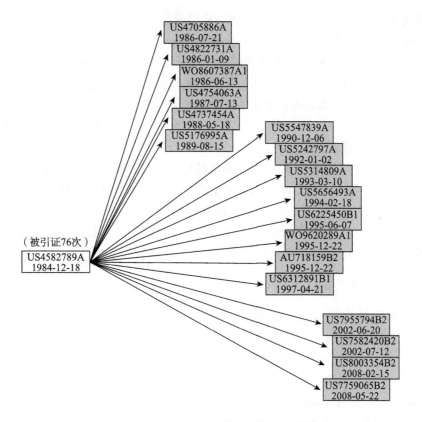

图 4 – 1　US4582789A 专利向前引证树情况❶

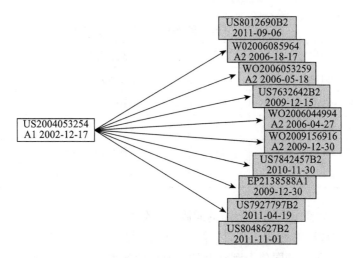

图 4 – 2　US2004053254A1 专利向前引证树情况

　　核酸检测技术中最具代表性的技术就是聚合酶链式反应（PCR），它是一种体外
DNA 扩增技术。世界上关于 PCR 技术最早的专利是"US4582789A"（1984 – 12 – 18），

　　❶　李鹏．基于专利信息分析的生物侦检技术发展研究［D］．北京：中国人民解放军军事医学科学院，2012．

专利权人为 CETUS 公司，申请人为美国的 4 位研究人员 Sheldon Iii Edward Lewis、Levenson Corey Howard、Mullis Kary Banks 以及 Rapoport Henry，该专利被引证达 76 次之多。随后在 1985 年，由当时在美国加州的 CETUS 公司的研究员 Mullis Kary Banks 博士正式公布介绍，该技术自问世以来，以其快速性、灵敏性和特异性在医学和分子生物等领域得到广泛的应用，极大地推动了分子生物学的发展，如图 4-1 所示。

LATE-PCR 技术是在 PCR 的研究基础上由美国布兰迪斯大学（Brandeis University）在 2002 年推出的一项新技术，该技术是一种不对称 PCR 的高级形式，与传统的制单链方法相比，LATE-PCR 通过 PCR 扩增获得单链样品，减少烦琐的步骤从而减少实验过程中对 PCR 产物的污染。LATE-PCR 是目前最方便经济高效的制备单链测序的技术，自从 2002 年该专利技术出现以来，其已被引证 10 次之多，如图 4-2 所示。目前 SMITHS-DETECTION 公司已经取得了 Brandeis 大学 LATE-PCR 的全球独家专利授权的分子信标探针技术和氟/猝灭技术的应用，并将应用于下一代探测装备的研发。

4.1.2　同族专利规模分析

同族专利规模分析是指在分析样本中，按照同族中每项专利涉及的国家数量进行统计和排序，判断重点专利。通常，专利申请人或权利人会将具有重要价值的专利在多个国家进行申请，可以说一件专利的同族专利数量越多，其专利的重要性越大。同族专利规模分析有时还可以应用到对竞争对手技术实力的研究当中。

【案例 4-3】牙膏专利的同族专利分析

在牙膏专利的分析样本中，按照每件专利的同族专利数量进行统计排序，排名靠前的专利为重要专利，如表 4-2 所示。

表 4-2　牙膏专利产生同族专利排名情况　　　　　　　　单位：项

优先权专利号	数量	优先权专利号	数量
US1988-291712	14	US1989-399669	10
US1987-8901	11	US1989-398605	9
US1989-398592	11	US1985-775851	8
US1989-398606	11	US1984-685167	7
US1989-398566	10	US1985-813842	7

【案例 4-4】牙膏专利重点公司的同族专利分布

在牙膏技术分析样本中，研究排名前两位的权利人（LION 公司和 COLGATE PALMOLIVE CO 公司）的同族专利涉及的国家和地区情况如表 4-3 所示。从表中可以看出，LION 公司拥有的专利数量是排名第二位的 COLGATE PALMOLIVE CO（高露洁）公司的 2 倍，但是同族专利国家的分布远远不及高露洁公司广泛，并且 LION 公司的同族专利主要在日本，而高露洁公司在日本、美国、欧洲等国都有较大量的分布，表明牙膏技术领域高露洁公司的市场控制能力强于 LION 公司。

表 4 – 3　牙膏专利重点公司同族专利分布　　　　　　　　　单位：项

同族专利国家和地区	公司名称	
	LION CORP（476）	COLGATE PALMOLIVE CO（205）
JP	474	69
US	20	191
EP	7	104
AU	5	142
WO	5	89
DE	14	80
BR		102
CA	2	68
CN	6	54
ZA		81
MX		71
ES	4	44
KR	4	14
NO		44
HU		20
NZ		25
PH		28
FI		28
PT		38
CZ		14

4.1.3　技术关联与聚类分析

技术关联与聚类分析是指在分析样本中，借助 VantagePoint 分析软件、TDA 专利分析工具或其他知识挖掘工具等专业分析工具，利用关联分析或聚类分析方法对相关技术主题进行研究，寻找核心技术。

关联分析的实质是寻找在同一个事件中出现的不同数据项的相关性，找出分析样本中隐藏的网络关系，获得一个数据项和其他数据项之间依赖或关联的知识。聚类分析首先要将事件分类，使同一类群内的事物都具有相同的特性，不同类群之间具有显著的差别，最后研究不同类群之间内在的关联程度。关联分析与聚类分析的结果常用可视化图形方式显示。

【案例4-5】 全球光纤激光器技术专利聚类分析

利用 Innography 平台的专利强度分析功能，从大量光纤激光器的技术专利中筛选出高价值专利，针对专利强度大于90的445件专利，进一步执行技术聚类分析，结果如图4-3所示。从图4-3可以看出，泵浦源、增益光纤、光纤处理、激光电源、半导体激光器等细分领域是光纤激光器产业最重要的技术领域，其发展程度对行业整体技术创新、产业发展具有更重要的意义。

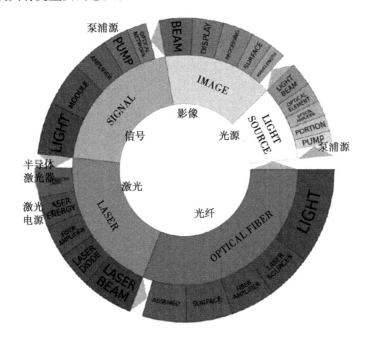

图4-3　全球光纤激光器技术专利聚类分析❶

4.2　技术空白点和技术热点分析

4.2.1　技术空白点分析

技术空白点分析是指对分析样本中专利数据进行专利技术功效矩阵分析，即对专利反映的主题技术内容和技术方案的主要技术功能、效果、材料、结构等因素之间的特征进行研究，揭示它们之间的相互关系，寻找技术空白点。这种研究方法的结果常常用功效矩阵图表形式进行表示。通常可以按照材料（Material）、特性（Personality）、动力（Energy）、结构（Structure）、时间（Time）等技术方案的要素对分析样本数据进行加工、整理和分类，构建功效矩阵表。在实际工作中也可以将因素与因素进行组合，如材料与处理方法，材料与产品等，形成多种矩阵图表，来研究技术重点或技术空白点。

---

❶ 罗媛. 工业用光纤激光器专利战略研究［D］. 武汉：华中科技大学，2015.

【案例4-6】 白光LED领域技术功效矩阵分析❶

根据图4-4所示的技术—功效图，可以发现白光LED领域中国专利申请的一些技术密集区，例如，采用单一荧光粉的技术手段来改善发光效率和强度、通过改善晶片结构的技术手段来实现出光均匀和/或改善发光效率和强度、通过组合产生白光源以调节色温，以及通过改进LED芯片层结构以改善发光效率和强度，所涉及的中国专利申请均超过100件，我国相关企业如若在这些方面进行专利申请，需要进行充分调研，避免陷入专利纠纷。而在采用混合荧光粉材料来实现出光均匀和/或延长寿命、通过改善驱动方式来提高出光均匀性以及通过改进散热结构来调节色温和/或改善出光均匀性等方面，相关中国专利申请量较低，我国相关企业应该加大在这些方面的研发力度，争取市场竞争的主动权。

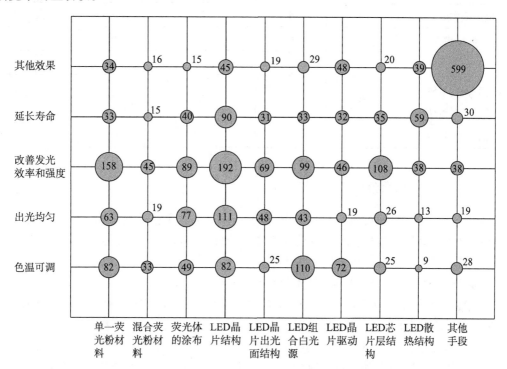

图4-4 白光LED领域中国专利申请的技术-功效

【案例4-7】 心脏起搏器产业链上游高质量专利技术应用矩阵分析

将1995~2015年有关心脏起搏器产业链上游高质量专利进行技术应用矩阵分析，按整流器或开关器件、电解质和吸收体、电极相关、焊接封装、带有有机物电解质的非水溶液电解质电池、活性电极材料这6个技术主题和起搏器、除颤器、电源供应和存储、电极、锂基无水电池这5个发明目的进行分类整理统计，结果如表4-4所示，以帮助我国企业寻找技术应用热点和空白点。由表4-4可以发现高质量专利所在技术应用领域最多的为应用于电极的电料，共有高质量专利9件。表中有许多技术应用矩阵对

---

❶ 郭凯，王晓东，刘丹，等. 白光LED领域专利申请状况分析 [J]. 中国发明与专利，2014 (12)：32-35.

应的专利数量为零。专利数量为零时有以下两种可能性：第一，技术在该应用领域无法实现；第二，技术应用于该领域可行，但是没有人想到，这种情况我们称之为技术空白点。笔者从技术应用结合的可行性出发结合专家的建议，共发现4个技术应用空白点，包括应用于起搏器的整流器或开关器件、应用于起搏器的电解质和吸收体、应用于起搏器的带有有机物电解质的非水溶液电解质电池、应用于锂基无水电池的整流器或开关器件和应用于电极及起搏器的活性电极材料。

表4-4　心脏起搏器上游技术应用矩阵

技术应用	起搏器	除颤器	电源供应和存储	电极	锂基无水电池
整流器或开关器件	0	4	2	4	0
电解质和吸收体	0	3	3	2	0
电极相关	1	6	5	9	0
焊接封装	1	3	1	3	0
带有有机物电解质的非水溶液电解质电池	0	1	2	0	3
活性电极材料	0	1	1	0	1

4.2.2　技术热点分析

技术热点分析是针对研究对象（技术领域或竞争对手）的分析样本，用技术点与时间作为研究要素，判断技术领域或竞争对手随时间推移技术重点发生变化的情况。有时时间要素可以置换为近几年变化的比率。

【案例4-8】白光LED领域技术热点分析

如图4-5所示，从纵向申请量分布上看，各年度白光LED领域中国专利申请所采取的技术手段排名前3位的基本保持一致，分别是其他手段、荧光材料和晶片结构；从横向发展趋势上看，各技术手段的申请量基本都在2009～2012年达到峰值（由于部分申请尚未公布，2013年的数据尚有偏差）。由图4-5可知，在白光LED领域中国专利申请中，研究热点主要为荧光材料和晶片结构，同时其应用也越来越深入各个领域。

【案例4-9】基板剥离技术领域研究热点分析●

从图4-6可以看出，基板剥离技术中国专利申请的技术功效图存在较多空白点，主要集中在剥离装置和辐射剥离技术分支。总体来看，追求易剥离、防受损、降低成本的效果是目前基板剥离技术研发的3大热点，相关专利布局较为密集，而对于无残留、可靠性的功效研究较少。配件层、黏结层位置、黏结层结构、基板、剥离装置、工序、物理剥离、辐射剥离、化学剥离和激光剥离等技术分支都可以带来防受损的技术功效。在技术需求最大的易剥离技术功效方面，主要通过黏结层位置、黏结层结构和基板的改

● 刘雪，王超，王治华. 柔性显示领域之基板剥离技术中国专利申请状况分析［J］. 中国发明与专利，2014 (11)：47-52.

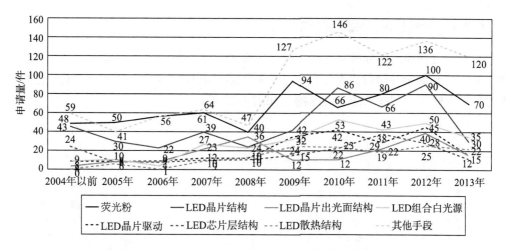

图4-5 白光 LED 领域中国专利申请的技术手段发展趋势

进来实现。该领域中国专利申请的申请人在黏结层位置、黏结层结构和基板技术分支具有较高的研发热情,其中黏结层结构是专利申请量最大的技术分支,涉及剥离装置和剥离方式改进的申请量相对较少,物理剥离是申请量最多的剥离方式。

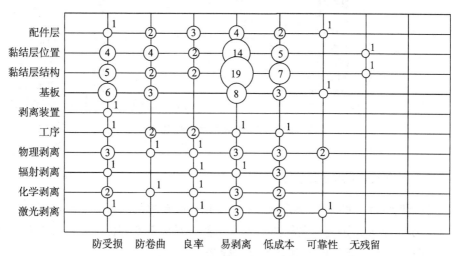

图4-6 基板剥离技术中国专利申请技术功效矩阵

4.3 重点技术发展线路分析

重点技术发展线路分析是指在分析样本中,通过专利引证率分析或技术内容变化研究,并以此为基础绘制专利引证树或技术发展时间序列图等,最后通过它们研究相关技术领域重点技术发展线路。重点技术发展线路分析包括专利引证树线路图分析、技术发展时间序列图和技术应用领域变化分析。

4.3.1 专利引证树线路图分析

专利引证树线路图分析是在样本中通过专利引证分析（专利引证或被引证次数、专利引证率等）确定各阶段重点专利，然后对重点专利构建专利引证树，专利引证树中的重要节点反映了专利技术的发展线路，如图4-7所示。

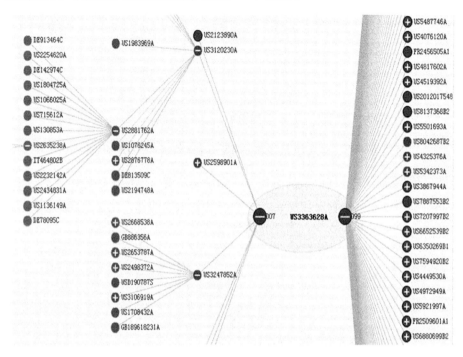

图4-7 专利引证树状图

4.3.2 技术发展时间序列图

技术发展时间序列图是在分析样本中，首先通过专利引证分析（专利引证或被引证次数、专利引证率等）确定各阶段重点专利，然后对重点专利构建技术发展时间序列图（雷达图、树形图等）来反映专利技术发展线路。

【案例4-10】冰箱铰链重点专利技术路线图分析

通过冰箱铰链的重点专利技术路线图的梳理，由图4-8可知，研究起步较早的是"便于安装"的铰链，其出发点是为了节省安装工作人员的劳动时间，提高组装的效率。通过上述路线的梳理，不难发现，"便于安装"的方式有多种，早期的铰链安装和固定主要是通过螺栓将冰箱铰链的铰链板安装在箱体的顶部、底部和中部，而"便于安装"的出发点就是要省却螺栓连接的安装步骤，采用插接、卡接等方式，具有代表性的专利如 GB1515617A、CN1128974C、CN1153944C 等，其所采用的技术手段均不采用螺栓固定，即可方便快捷地将冰箱铰链安装固定。其次是"位置调节"方面，代表性的专利如 EP0111018B1、JPH09243240A、CN52445457Y、CN201892366U 等，其采用的技术手段均是便于调节冰箱铰链的前后、左右、高度三个方向的方式，其中采用较多的仍是螺纹配合的调节方式。紧接着是冰箱的"布置管线"铰链，其方式主要集中在冰箱上铰链和下铰链结构中，因为冰箱上铰链和下铰链的铰链轴可设计成中空转轴，管线主要涉及的是电线及水管线路，通过将管线穿设于冰箱上铰链的中空转轴，使得管线被隐藏在箱体内，这样的设计方式除了美观外，还能便于后期的管线维护。具有"布置管线"的代表性专利如 EP0088670B1、US5664764A、CN1717525A、CN101086194A 等。接着是冰箱的"左右均可开启式"铰链。所谓"左右均可开启式"铰链即冰箱的门体可以从左侧开启，也可以从右侧开启。研究相对靠后的是"自动关闭及缓冲""限位提高气密性"及"大开度"三个形式的铰链。

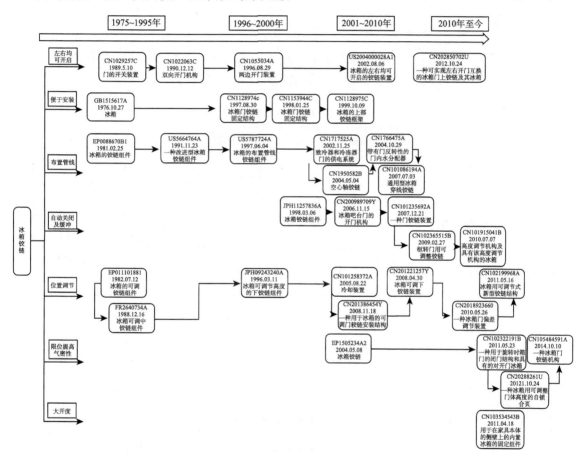

图 4-8　冰箱铰链的重点专利技术路线❶

4.4　重要专利分析

"重要专利"是个相对概念，对于"重要专利"的精确定义，在专利分析领域中众说纷纭，难以达成共识。笔者认为重要专利不是一个严格的法律概念，它更多地表达了

❶　田立，田莉莉. 冰箱铰链专利技术发展现状与趋势分析［J］. 中国发明与专利，2018，15（2）：67-73.

不同使用者基于不同目的对重要专利判断标准的差异化认知。即使具有相同的判断标准，由于方法和指标的差异，也会导致重要专利的筛选结果存在显著的不同。业界普遍认为"重要专利"是指比较独特的，能有效阻止他人非法使用的专利。筛选重要专利的工作，最好由相应技术领域的技术专家通过逐条阅读专利来完成。但是，如果待筛选的专利文献太多，技术专家的人工阅读将是一项极其耗时耗力的巨大工程。此外，这种方式可能会因主观因素带来极大的个人偏见。因此，需要一套重要专利的评价指标和确定方法，通过重要专利的评价指标来确定重要专利不仅能够提高工作效率，而且也可以避免主观因素产生的偏差。

4.4.1 重要专利的评价指标

一般而言，重要专利可以从技术价值、经济价值以及受重视程度 3 个层面来确定。表 4-5 列出了详细的筛选指标。以下将详细阐述这 3 个层面的评价指标。

表 4-5 重要专利评价指标的特性分析

评价角度	具体评价指标	指标属性	精确性	查全性	可操作性	主要不足
技术价值	技术路线中的关键节点	定性	★★★★★	★★★★★	★	需要专业技术人员参与；费时费力
	标准化指数	定性	★★★★★	★★	★★	标准与专利之间的对应关系较难查全
	被引频次	定量	★★★★	★★★★	★★★★	不利于查找近期重要专利
	引用科技文献的数量	定量	★★★	★★★	★★★	领域差异性较大
	主要申请人	定性	★★★	★★★★	★★★★	需要进一步筛选
	主要发明人	定性	★★★★	★★★	★★★★★	需要进一步筛选
经济价值	专利实施情况	定量	★★★★★	★★	★★	信息较难查全
	专利许可情况	定量	★★★★★	★★	★★★	信息较难查全
	专利复审和无效	定量	★★★★	★	★★★	重要专利较难查全；需要判断是否抵御成功
	专利异议及诉讼	定量	★★★★★	★★	★★	重要专利较难查全；需要判断是否抵御成功

续表

评价角度	具体评价指标	指标属性	精确性	查全性	可操作性	主要不足
受重视 程度	同族专利数量	定量	★★★	★★	★★★★★	准确性较差
	政府支持	定性	★★★★	★	★★★	信息较难查找、较为适合查找美国专利
	专利维持期限	定量	★★★	★★	★★★★	精确性稍差；不利于查找近期重要专利
	申请人及发明人数量	定量	★★★★	★★★	★★★★★	精确性稍差；不利于查找全面
	权利要求数量	定量	★★	★★	★★★★★	精确性差；查全性差
	是否加快	定性	★	★	★★★★	精确性差；查全性差

一、技术价值层面

1. 被引频次

一般而言，被引频次较高的专利可能在产业链中所处位置较关键，可能是竞争对手不能回避的。因此，被引频次可以在一定程度上反映专利在某领域研发中的基础性、引导性作用。通常情况下，专利文献公开时间越早，则被引频次就越高。因此，引入专利存活时间相同的专利文献的平均被引频次水平作为参照，以消除不同专利存活时间带来的影响。此外，很多国家的专利没有给出引用信息，或引用信息不可检索。就美国专利而言，其专利制度中规定专利公告时要充分揭露该篇专利的重要相关引用专利和文献，因此对于美国专利数据库来说，可以提供较为完整的专利引证信息，而中国内地的专利制度并没有此项规定。

2. 引用科技文献数量

CHI 学派用专利引用科技文献的平均数量考察企业的技术与最新科技发展的关联程度，该数量大，说明企业的研发活动和技术创新紧跟最新科技的发展。但科学关联度与专利价值的相关性随着行业的不同而有不同的指标，在科技导向的领域，例如医药和化学领域，该指标与专利价值显著相关；在传统产业领域，该指标与专利价值的相关性不显著。因此，在评价专利的价值时，应根据行业选用不同的指标。

3. 技术发展路线关键节点

技术发展路线中的关键节点所涉及的专利技术不仅是技术的突破点和重要改进点，也是在生产相关产品时很难绕开的技术点。但是在寻找这些节点时，需要行业专家花大量时间画出这个行业的技术发展线路图，然后按图索骥，找到这个图中的关键技术点。

4. 技术标准化指数

标准化指数是指专利文献是否属于某技术标准的必要专利，以及该专利文献相关的标准数量、标准类别（如国家标准、行业标准等）。但无论是根据技术标准查找涉及的专利，还是从专利文献出发查找其是否涉及技术标准，都需要花费一定的时间。

5. 主要申请人

行业内的主要专利申请人一般来说在本领域技术实力最强，技术发展比较成体系，所申请的专利技术自然较为重要。但首先需要辨别和筛选出该领域的主要申请人，如主要申请人的申请量较大，则还需要投入大量精力进一步筛选。

6. 主要发明人

主要发明人是对本行业发明创造做出主要贡献的自然人，是引领本领域技术进步的主要带头人。因此，主要发明人的专利技术是本行业最需要关注的技术。但主要发明人申请的专利有限，不能反映本领域重要技术的全貌。

二、经济价值层面

1. 专利许可情况

如果一件专利被许可给多家企业，则证明该专利是生产某类产品时必须使用的专利技术，其重要性不言而喻。部分地区的专利文献标注有专利许可信息，例如，欧洲专利文献中就会将许可信息列举出来，但大多数地区的专利技术许可信息需要到相关部门进行查询。

2. 专利实施情况

毫无疑问，专利实施率越高，专利对于技术发展、技术创新做出的贡献就越大。但是，发明专利的实施通常会有一个开发过程，而一些专利就是为了"技术圈地"，因此，没有实施的专利技术并不一定就不重要。

三、受重视程度

1. 同族专利数量

一项发明可以在多个国家和地区申请专利保护。获得专利授权的国家的数量定义为一项专利的同族数量。由于国外专利申请和维持的费用远高于国内专利，因此国外专利申请比国内专利申请更能说明专利的价值。对于此衡量指标的准确性仍存在诸多争论。有专家认为专利价值与专利族的大小不一定是线性关系，因为许多有价值的专利只要在几个重要的国家和地区受到保护就足够了。有专家则认为专利的价值体现在是否申请国外专利，而不是申请多少国外专利；也有专家通过数据证明专利的价值不仅与专利申请国的数量有关，而且与这些国家的组成有关。因此，专利族的大小有时用欧洲、美国或日本专利的比例来代替。

2. 政府支持

获得政府支持的专利技术其研发自然是有经费和人力资源保障的，专利技术的重要性自然很重要。例如，美国有些专利是有政府支持的，这种专利一般技术含量都较高。美国专利可通过美国专利商标局网站的检索字段 GOVT（Government Interest）进行检索。

3. 专利维持期限

对专利权人而言，只有当专利权带来的预期收益大于专利年费时，专利权人才会继续缴纳专利年费。因此，专利维持期限的长短在某种程度上反映了该专利的重要性。

4. 专利复审、无效、异议及诉讼

专利在复审、无效、异议及诉讼过程中需要花费大量的时间和费用。复审、无效、异议及诉讼的专利一定是得到申请人或行业重视的，其中"抵御成功"的专利其稳定性更强、价值更高。其他反映受重视程度的指标还有申请人及发明人数量、权利要求数量、申请加快审查情况等。

在利用上述指标确定重要专利时，要根据实际情况和各项指标的特点，有针对性地选择评价指标。例如，确定围绕某一产品的重要专利时，除了要按照技术特征进行大范围检索，还要查找出哪些公司在生产这类产品，以这些公司为申请人入口进行检索。在实际操作中，还可以对一些评价指标进行改进后再使用。例如，在使用被引频次作为评价指标时，为消除不同专利存活时间带来的影响，引入专利存活时间相同的专利文献的平均他引率水平作为参照。此外，还可以结合使用这些评价指标。例如，在查找刀具涂层技术的重要专利时，对于中早期的重要专利，以被引频次作为主要评价指标；对于近期的重要专利，以主要发明人或引用科技文献的数量作为主要评价指标。

4.4.2 重要专利的确定方法

根据重要专利的评价指标确定重要专利的途径如表 4-6 所示。

表 4-6 确定重要专利的途径

目标	关键技术分支的重要专利技术		
	途径	优点	缺点
确定方法	以技术主要来源国为主线	查全性较好	数据量大，查准性差
	以主要申请人为主线	查准性较好，查全性较好	需要准确定位主要申请人
	以主要发明人为主线	查准性好，查全性稍差	需要准确定位主要发明人
	以重要产品为主线	查准性好	查全性差
	以被引频次为主线	查准性好	不适于近期重要专利的确定
	以非专利文献研究热点为主线	查准性一般	查全性差
工作重点	确定重要专利，为技术借鉴和技术引进做准备		

4.4.3 重要专利的分析案例

【案例 4-11】 雷贝拉唑全球重要专利分析

利用 Inco Pat 数据库对雷贝拉唑药物的全球专利进行检索分析，截止时间为 2016 年 12 月 31 日。以同族专利作为家族专利，其被引证次数直接体现了该技术在本技术领域的重要性，因此有必要对家族被引证次数进行分析，排名前 10 的专利如表 4-7 所示。

排名前 10 位的申请人中有 5 个同族专利的申请人都是来普卡公司，该公司申请的这 5 个专利族保护的都是关于新的制剂，且这些制剂都具有广谱性，对上百种药物（包括雷贝拉唑）适用，因此被引用次数极高，特别是 WO0137808A1 的专利族的被引证次数达到 1332 次。卫材公司的 JP01006270A 的专利族排名第 5 位，其为雷贝拉唑的核心专利，因此被引用次数也很高，达 222 次。Torrent 制药有限公司的 WO2004012700A2 专利族排名第 6 位，其保护的也是一种广谱适用的新制剂。阿尔塔纳的 WO9929299A1 专利族保护的是针对质子泵抑制剂的新制剂，排名第 8 位。意大利个人 Scaramuzzino、Giovanni 申请的 EP1336602A1 专利族保护了一系列前药和新的给药形式。SCIDOSE 有限公司的 WO2007061529A1 专利族和先进医药的 WO9963940A2 并列排名第 10 位，其被引证次数都为 116 次。WO2007061529A1 的专利族保护了一种冻干方法，涉及上千种药物。WO9963940A2 的同族专利保护的是 H ＋ K ＋ － 腺苷三磷酸酶抑制剂。

表 4 － 7　雷贝拉唑的部分重要专利

排名	申请人（国籍）	专利公开号	专利名称	专利申请日	被引证次数
1	来普卡（美国）	WO0137808A1	固体载体用于改进输送的活性成分的药物组合物中	2000 – 11 – 22	1332
2	来普卡（美国）	WO0050007A1	组合物和方法用于改进输送的疏水性的治疗剂	2000 – 01 – 05	591
3	来普卡（美国）	WO0059475A1	组合物和方法用于改进输送的可离子化的疏水性的治疗剂	2000 – 03 – 16	588
4	来普卡（美国）	WO0128555A1	乳液组合物用于多官能活性成分	2000 – 10 – 18	275
5	卫材（日本）	JP01006270A	具有抗溃疡活性的吡啶衍生物	1987 – 11 – 13	222
6	Torrent 制药（印度）	WO2004012700A2	新制剂	2003 – 08 – 01	210
7	来普卡（美国）	US20030064097A1	固体载体用于改进输送的疏水性活性成分的药物组合物中	2001 – 03 – 06	199
8	阿尔塔纳（德国）	WO9929299A1	新的栓剂形式包含一种酸——不稳定的活性化合物	1998 – 12 – 08	136
9	Scaramuzzino、Giovanni（意大利）	EP1336602A1	硝酸盐的前药能够以受控和可选择的方式释放一氧化氮，用于预防和治疗炎性、缺血性和增殖性疾病	2002 – 02 – 13	124

续表

排名	申请人（国籍）	专利公开号	专利名称	专利申请日	被引证次数
10	SCIDOSE（美国）	WO2007061529A1	冻干方法和由此得到的产品	2006 - 10 - 13	116
10	先进医药（美国）	WO9963940A2	抑制剂的 H + K + - 腺苷三磷酸酶	1999 - 06 - 08	116

【案例 4 - 12】 眼镜式显示技术的部分重要专利分析❶

立体影像课题组首先从专利的引证频次与同族数量两方面进行粗选，获得拟重要专利的列表，而后对拟重要专利的列表中的专利进行人工筛选。人工筛选时，对专利的权利要求书、说明书进行阅读、精选，主要从以下角度考虑：保护范围相对较大、所公开的技术具有较好的基础性或者实施方式较多。具体而言，选取重点专利的具体步骤如下：

第一步，先找出引证频次在 30 次以上的所有文献。

第二步，按照进入国家/地区的数量由多到少，对第一步所获得的文献进行排序。

第三步，对第二步所得的排序列表进行人工筛选，得到如表 4 - 8 所示的重要专利。

表 4 - 8　眼镜式显示技术的部分重要专利分析

公开号/公告号	发明名称	申请人	引证数	指定国家/地区	同族数
US5682173A	Image display device	HOLAKOVSZKY LASZLO	31	AU；BR；CN；DE；EP；FI；HU；JP；NO；RU；TW；US；WO	13
US5808591A	Image display device, image display system and program cartridge used therewith	NINTENDO CO LTD	50	AU；BR；CA；CN；DE；EP；JP；KR；TW；US	10
US5846134A	Method and apparatus for immersion of a user into virtual reality	LATYPOV NURAKHMED NURISLAMOVIC	36	AU；CN；DE；EP；JP；KR；RU；US；WO	9
WO984001680A1	Monoscopic and Stereoscopic Television device	SAKARIASSEN ARNVID	30	BR；DK；EP；FI；JP；KR；NO；WO	8

---

❶ 杨铁军. 专利分析实务手册［M］. 北京：知识产权出版社，2012.

4.5　市场主体分析

市场主体分析是专利分析的重要组成部分，对市场主体的深入分析能够获得更具体、更有针对性的专利情报。例如，通过分析重要市场主体各技术的专利申请量的发展变化能够更具体地反映市场主体技术的发展水平和发展趋势；通过分析重要市场主体的专利申请目标国家或地区变化情况，能够判断市场主体在发展规划和主要市场的变化；通过分析各重要市场主体在各技术分支上的申请状况，能够确定市场主体的优势领域，从而比较各重要市场主体之间在技术研发重点和研发方向的异同，并由此厘清各重要市场主体之间的竞争态势和合作可能性。

专利分析意义上的市场主体主要包括企业、科研院所、高校、个人以及多个专利申请人形成的产业共同体，诸如专利联盟、产业联盟等。其中，企业是市场主体的主要组成部分。对于企业申请人而言，不同的企业具有不同的发展历程和发展战略，因此，企业经历的发展阶段可以作为分析切入点。根据企业在各发展阶段的专利数据所反映出的特点（包括专利申请量的变化、多边申请比例等），结合企业整体发展经营的总体特点（包括销售收入或利润增长、公司发展重大记事等），可以分析申请人在各发展阶段的专利技术布局和专利市场布局等特点。

一般而言，对于市场主体的分析可以包括以下步骤：①从众多市场主体中遴选出值得分析的重要市场主体；②收集重要市场主体的相关信息；③结合多方面信息对重要市场主体进行深入分析。

4.5.1　重要市场主体的确认

确定行业中的重要市场主体是做好市场主体分析的必要环节。确定重要市场主体的方法包括：企业调研、问卷调查、产业专家推荐、参考各种行业研究报告等。所确定的重要市场主体应当具备以下要素：

一、在行业具重要性、典型性或代表性

市场主体的重要性、典型性或代表性体现在多个方面，例如，市场占有率或影响力、销售规模、技术优势等。比如在智能手机行业中，苹果公司无疑具有重要性和典型性；在食品行业中，作为全球第一大食品集团的雀巢公司必然具有重要性和典型性。

当然出于不同的研究目的，认定市场主体重要性、典型性的标准也会有所不同。如果研究目的是分析行业的技术演进或者技术发展历程，那么某些已经退出该行业但曾经在该行业内具有重要市场地位的市场主体是不能被忽视的。例如，燃煤锅炉燃烧设备行业中苏联的 Mosc 电力研究所、乌拉尔公司。如果研究目的是分析行业内某一技术分支的发展态势，那么优先选择业务范围集中于所要研究技术分支的市场主体。例如，在立体显示（3D）行业中三星公司非常重要，专利申请量高且技术分布覆盖全产业链。但若要对裸眼式显示技术进行深入分析，则作为只专注于立体显示领域的透镜式裸眼显示技术的超多维公司，应当被确定为重要市场主体。如果研究目的是分析新兴市场（例如中国、印度等）的专利申请态势，则可以选择在新兴市场进行重点布局或者新兴市场的

申请人作为重要市场主体。例如，乳制品行业作为新兴市场的代表性企业是中国的蒙牛和伊利。

二、掌握重要专利，或具有长远专利战略

重要市场主体的专利具有一定的特点，例如，专利授权率高、专利稳定性好、被引用频次高、多边申请比例高、专利的产业转化价值高等。更重要的是，重要市场主体必然掌握着某些对于行业的技术发展或市场格局具有显著影响的核心专利或基础专利，并且围绕这些专利进行合理的布局，形成了专利池。重要市场主体的专利意识良好，具有长远的专利战略，其专利的国别分布、技术领域分布都有明显的商业战略意图。例如，包装行业的利乐公司习惯于提前进行专利布局，在进入某一市场开展业务之前至少提前5 年在该国家或地区申请专利。

4.5.2　重要市场主体分析

当市场主体发展其市场时，需要考虑的是重要因素之一就是竞争对手。在进入某一区域时，要了解的重要信息之一就是该区域的重要市场主体。如果该区域已经有非常强的市场主体进行了专利布局，那就需要考虑自身的情况来决定是否将市场扩展到该区域。

【案例 4 - 13】中国市场切削加工刀具的申请人排名

从申请量和有效量排名来看，山特维克（包括山高）、肯纳、伊斯卡为第一梯队，第二梯队以日本刀具企业、我国刀具企业以及大学为主，国内具有技术竞争力的企业少，在第二梯队中，我国申请人则以大学为主，企业只占少数几家。国外研发活力较强的申请人主要是京瓷、住友电工、佑能工具等日本企业，说明日本企业正在我国加紧专利布局。

国内刀具申请人大学居多。国内研发活力较强的申请人基本都是大学，以四川大学、吉林大学、中南大学、清华大学和山东大学为主。通过对中国市场切削加工刀具领域主要申请人排名的分析，能够找到在中国市场该领域处于领先地位的申请人，从而为企业在专利布局时提供参考依据（见表 4 - 9）。

表 4 - 9　中国切削加工刀具发明专利申请人排名❶

名次	申请人名称	申请量	有效量	有效量名次	2006~2008 年的数量	2000~2008 年的数量占总量的百分比（%）	是否为市场主体
1	山特维克	255	141	1	75	29.4	是
2	山高	114	73	2	29	25.4	是
3	肯纳	113	36	4	38	33.6	是
4	伊斯卡	86	34	5	19	22.1	是

❶ 杨铁军. 切削加工刀具行业专利分析报告［M］//产业专利分析报告(第 3 册). 北京：知识产权出版社，2011.

续表

名次	申请人名称	申请量	有效量	有效量名次	2006～2008年的数量	2000～2008年的数量占总量的百分比（%）	是否为市场主体
5	三菱材料	84	38	3	18	21.4	是
6	住友电工	64	32	6	27	42.2	是
7	株洲钻石	58	24	7	7	12	是
8	山东大学	35	11	10	11	31.4	否
9	OSG 株式会社	28	9	11	14	50	是
10	京瓷	28	5	17	23	82.1	是
11	上海交通大学	28	5	18	8	28.6	否
12	沃尔特公开股份有限公司	17	2	24	4	23.5	是
13	TDY 工业公司	16	6	14	4	25	是
14	佑能工具株式会社	15	5	19	8	53.3	是
15	东方汽轮机	14	2	23	3	21.4	是
16	北京科技大学	14	3	22	2	14.3	否
17	四川大学	14	5	20	10	71.4	否
18	清华大学	12	2	25	5	41.7	否
19	鸿富锦精密工业	12	2	28	4	33.3	是
20	鸿海精密工业	12	2	29	3	25	是
21	上海工具厂	12	1	27	1	8.3	是
22	株式会社神户制钢所	11	9	12	4	36.4	是
23	吉林大学	10	6	15	6	60	否
24	日本工具股份有限公司	10	6	16	3	30	是
25	中国科学院金属研究所	10	2	26	1	10	否
26	中南大学	10	7	13	6	60	否
27	沈飞工业	10	3	21	0	0	是

注：①有效量：目前处于授权且有效状态的发明数量。

　　②2006～2008年数量占总量的百分比：2006～2008年专利数量占该申请人在中国总申请量的

　　　百分比。

　　③是否为市场主体：是否有产品投入市场。

4.5.3 重点技术和重要产品分析

对于市场主体的重点技术进行分析可以发现其研发思路和研发重点。市场主体的重点技术分布与行业技术发展趋势密切相关，伴随着某些技术的兴起或衰退，市场主体在某一技术分支的专利申请活跃度也呈现相应的变化。

对市场主体的重点技术和重点产品分析应采取扩展综合、点面结合的方法。扩展综合主要表现为重点技术和重点产品分析可以与时间历程、国别分布、市场信息（如公司销售运营数据、市场竞争态势）等多方面信息结合与对照分析；点面结合主要表现为重点技术和重点产品分析可以与相关的重要专利、重大诉讼等信息结合分析。

【案例4－14】 中联重科公司重点技术专利申请分析

在中外专利数据库服务平台检索1983～2012年间中联重科公司的专利申请1929件。图4－9说明了中联重科专利TOP15IPC分布。截至统计日期，中联重科专利申请量最多的集中于B66领域，共计专利申请368件，相比于随其后的E01（153件）、B60（127件）、F16（126件）、E04（111件）、F15（109件）有较大的数量优势。可见中联重科的技术创新和专利活动主要集中于E01、B60、F16、E04及F15领域。这些IPC所代表的技术领域是中联重科工程机械技术创新的密集区域，代表中联重科公司的重点技术。

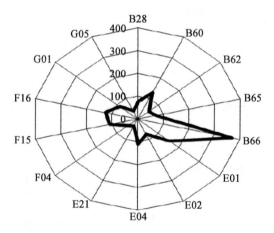

图4－9 中联重科重点技术专利申请领域分布

【案例4－15】 肝素行业主要市场主体的重要专利与重点产品的综合分析❶

表4－10显示了在肝素行业中重要的企业申请人所拥有的与其重点产品密切相关的重点专利。将重点专利及其法律状态、重点产品、产品批号以及申请人综合呈现。显然围绕依诺肝素这种重点产品，很多企业申请人都在研发和生产。

---

❶ 杨铁军. 生物医用天然多糖行业专利分析报告 [M] //产业专利分析报告（第6册）. 北京：知识产权出版社，2011.

表4-10 国内低分子肝素生产企业及其需要专利一览表

产品	企业	公开号	申请日	法律状态	生产批号（国药准字）
依诺肝素	江苏江山	CN101165071A	2006-10-20	授权	H19991002（原料药）、H20040967（注射剂海普宁）、H20040968、H20030350、H19991400、H19991401、H20030351
	杭州九源	CN1850865A	2006-05-24	授权	H20060347（原料药）、H20064066（注射剂）、H20064067
	深圳市天道	CN102085178A	2011-01-14	未决	H20056847（注射剂）、H20056849、H20056846、H20056848、H20056850、H20056845（原料药）
	山东郁芃	CN102040673A	2010-10-11	未决	
	山东海科	CN101974107A	2010-09-16	未决	
	河北常山生化	CN102050888A	2010-12-13	未决	
	山东海科	CN101942038A	2010-09-16	未决	
达替肝素	山东海科	CN101942039A	2010-09-16	未决	
那屈肝素	兆科药业	CN1554671A	2003-12-24	授权	H10980164（原料药）、H10980166（注射剂立迈青）、H10980165
	河北常山生化	CN101012289A	2007-02-01	授权	H20063909（注射剂）、H20063910
低分子肝素钠	江苏万邦	CN101612130A	2009-07-16	未决	H20020247（注射剂苏克诺）、H20020179

4.5.4 专利区域布局分析

重要市场主体通常会在目标市场进行专利布局以提高自身在目标市场的占有率和竞争力。对其专利区域布局进行分析，能够宏观地反映出各个国家和地区、各市场主体的技术水平以及专利布局情况，对于了解海外市场以及寻求区域合作有着重要的意义。

对于全球专利的分析，市场主体的区域或国别能够从优先权字段或者公开号字段中获得。优先权中的国别信息能够反映出该国别或地区为技术输出地，反映出市场主体的国籍、公司总部或研发中心所在地；专利公开号中的国别信息能够反映市场主体希望在该国别或地区获得专利保护，体现出市场主体的专利布局策略。基于优先权中的国别，可以分析市场主体的主要目标市场以及其在目标市场的布局情况。结合多边申请和申请量，可以分析市场主体的技术水平以及专利布局策略；也可以由某一技术分支主要申请人的申请量排名找出竞争对手，对竞争对手展开分析。基于公开号中的国别，可以发现行业中主要技术集中的目标市场，以及关注该目标市场的主要国家和地区、主要申请人。结合公开号中的国别和年代分布，可以分析目标市场的变化，也可以分析目前市场主体在全球的专利分布或布局情况。

对于中国专利的分析，可以结合专利的法律状态进行更为综合性的分析，并得出更具有参考意义的结论。例如，结合某行业国内外申请人的专利申请量及授权量就能够分析出国内外申请人对于中国市场的重视程度以及在中国的专利话语权，也能够分析出那些关注中国市场的主要国家和地区、该行业国内各省市的技术水平和重视程度以及各省市主要申请人情况。

【案例4-16】美国卡特彼勒公司中国市场专利申请分布❶

在中外专利数据库服务平台以"卡特彼勒"为专利权人检索，共获取专利1085件。图4-10说明了卡特彼勒在中国专利申请的TOP10IPC，通过此统计，可以分析卡特彼勒在中国的研发和创新的集中领域。从图中可以看出，卡特彼勒公司在E02（215件）和F02（229件）领域申请了较多专利，此外，在B60（124件）、F01（121件）及F16（104件）领域专利申请数量也较多。其中E02中小类E02F（挖掘；疏浚）及F02中小类F02M（一般燃烧发动机可燃混合物的供给或其组成部分）分别为206、141件，具有较为明显竞争优势。可见，卡特彼勒在中国比较关注以上这些领域的科技投入和专利申请，从而形成一定的竞争实力。

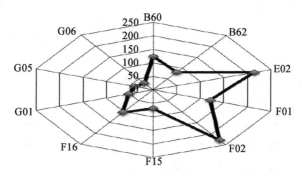

图4-10 卡特彼勒在华主要专利申请领域

【案例4-17】心脏起搏器领域中游企业全球市场专利申请分布❷

由表4-11分析结果表明，从产业链中游企业角度看，PACESETTER、美敦力、波士顿和CARDIAC这四家企业的高质量专利主要分布在美国及欧洲；百多力和圣犹达在美国、欧洲和德国的高质量专利分布基本相同；CAMERON在美国申请专利的同时也重

❶ 刘璇. 三一重工的专利竞争情报研究［D］. 湘潭：湘潭大学，2013.
❷ 栾博杨. 基于诉讼专利的专利质量评价及专利布局研究［D］. 北京：北京工业大学，2016.

视在澳大利亚的专利申请；飞利浦除了在美国和欧洲申请专利外同时注重日本和中国的专利布局。

从产业链中游国家角度看，在美国和欧洲 PACESETTER 的高质量专利数最多，具有一定的地区优势；美敦力在欧洲、德国和日本等其他国家均具有地区优势，其高质量专利数最多；中国的高质量专利则主要集中在美敦力和飞利浦两家公司。

表 4 – 11　心脏起搏器领域中游主要企业的高质量专利布局情况　　单位：件

企业	美国	欧洲	德国	日本	澳大利亚	加拿大	中国	法国
PACESETTER	651	200	126	56	26	2	2	0
美敦力	469	198	141	99	82	37	15	7
波士顿	424	135	37	85	79	27	2	0
CARDIAC	422	135	37	82	79	24	2	0
百多力	73	71	71	0	3	0	0	2
圣犹达	54	50	44	17	1	0	2	0
CAMERON	24	1	0	1	16	1	0	0
GREATBATCH	19	10	3	2	3	4	1	0
飞利浦	17	16	9	16	3	0	11	0
菲康	12	5	3	3	2	1	2	0

4.5.5　研发团队分析

研发团队是技术创新的源泉，对市场主体中的研发团队（发明人）的分析能够发现在本领域具有重大影响力的科技研发人员、产品设计人员等。研发团队分析可以单独进行，也可以与申请人结合进行，分析申请人的核心发明人或发明团队可以反映出申请人的研发管理体制和激励机制等信息。

挖掘出行业内的重要发明人或发明人团队之后，可以结合其在行业内各技术分支上的专利申请量、申请的时间跨度来展示发明人所关注过的技术领域、研发方向。从技术分支和申请时间两个维度结合分析行业内的发明人，也可以反映出行业技术演变的历史、行业的技术发展方向以及目前行业的前沿技术热点。对比不同发明人在各技术分支上申请量的差异，可分析出各发明人在产业链所处的位置和发挥的作用。通过发明人与申请人的信息，可以发现企业人员流动状况和企业并购等信息。

【案例 4 – 18】燃料电池技术专利申请量排在全球前十位发明人数量分析❶

表 4 – 12 显示了燃料电池技术专利申请量排在全球前十位的申请人的情况。日本的丰田株式会社共有 9142 件相关专利申请，位居该领域专利申请人排行榜的首位；日本

---

❶ 陈箐清，吕阳红，王亚利，等. 燃料电池技术全球专利申请状况分析 [J]. 中国发明与专利，2013（12）：57 – 59.

的本田株式会社、日产株式会社、东芝株式会社、松下株式会社、三菱株式会社、富士株式会社分列 2~7 位，相关专利申请量都超过 2000 件；美国的通用公司相关专利申请量为 2312 件，是唯一一家进入全球前十位的美国企业；韩国的三星公司以 1682 件相关专利申请排在第 10 位。活动年期是目标企业活跃申请专利的时间，该指标反映了目标企业涉足某领域专利保护的时间长短。如表 4 – 12 所示，在燃料电池技术领域，日本企业的活动年期长，说明其在该领域的专利保护时间较长，保护力度较大。此外，在该领域专利申请量较多的申请人，其拥有的发明人数量也很大，其申请保护的专利有效期和投入研发的时限也较长，展现出雄厚的技术实力。

表 4 – 12　燃料电池技术专利申请量排在全球前十位企业的发明人情况

申请人	申请量（件）	申请量占比（%）	申请人研发能力比较		
			活动年期	发明人数	平均申请年限
日本丰田株式会社	9142	9.50	31	1516	7
日本本田株式会社	4256	4.42	24	1947	8
日本日产株式会社	4073	4.23	32	1315	8
日本东芝株式会社	3240	3.37	36	1355	15
日本松下株式会社	3052	3.17	45	1605	10
日本三菱株式会社	3017	3.14	38	1995	16
日本富士株式会社	2495	2.59	38	844	18
美国通用公司	2312	2.40	23	1825	6
日本日立株式会社	2019	2.10	40	1409	19
韩国三星公司	1682	1.75	20	1462	6

4.5.6　专利技术合作分析

合作申请是专利申请的一种常见形式。由于技术问题的复杂性，专利申请逐步出现了多个申请主体、多个权利人的情形。共同申请的专利是市场主体之间合作创新成果的直接体现。对于专利申请中这一独特现象的分析，有助于更清楚地了解产业间的合作关系，寻找技术研发的合作伙伴以及探索实现自主创新的机制。

根据申请人的类型，专利共同申请可以为：公司与公司的共同申请、公司与个人的共同申请、个人与个人的共同申请、公司与研究机构的共同申请、公司与大学的共同申请等。根据所处产业链的位置，专利共同申请可以分为：公司与上游产业的公司之间的共同申请、公司与下游产业的共同申请、公司与处于同一产业位置的研究机构或者大学的共同申请、公司与处于同一产业位置的其他公司的共同申请。

【案例 4 – 19】 区域校企合作申请专利的网络图谱分析❶

对我国大学评价领域《中国大学评价》课题中提到的 165 所大学的校企联合专利申请进行统计。2000 年以来，其联合申请数（4670 条）占全国（5295 条）的 88.2%。联合申请数 100 个以上的学校依次为：清华、浙大、复旦、上海交大、东华大学、北大、华东理工等。图 4 – 11 描述了 2000 年以来，校企在某些分类号上联合申请量大于 5 个的概况，把这些数据构成一个矩阵，其中行代表高校和企业（图中的方点），列代表校企合作的 IPC 所表示的技术领域（图中的圆点），连线越粗，代表校企在这一领域申请越多。由图 4 – 11 可知，校企联合申请的技术领域呈现多样化局面，清华申请的领域最广，其他高校的领域差异也较大。较集中的是清华和鸿富锦公司联合申请的 IPC：C01B31/02、H01J1/304、G02F1/1335、G02F1/1357、H01J31/12、C09K5/14 和 B82B3/00。北大、方正电子及方正技术研究院联合申请的 IPCG06F17/30、G06F11/21、G06F17/21、G06F3/12、G06K15/10 及 G06T1/00。北大与旗下方正集团的合作形成一个小世界网络。

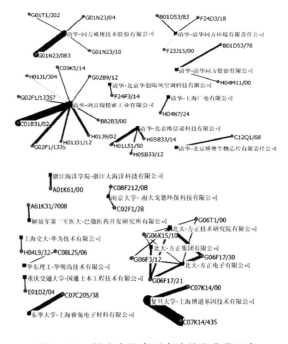

图 4 – 11 校企合作专利申请的分类号示意

4.5.7 技术引进中的专利分析

技术引进是发展中国家实现经济快速发展的重要途径之一。近年来，我国大中型工业企业技术引进经费支出和消化吸收经费支出均呈现增长趋势。在引进技术的过程中，企业将面临知识产权保护、技术许可等一系列问题。通过专利分析，可以为企业在技术

---

❶ 雷滔，陈向东. 区域校企合作申请专利的网络图谱分析 [J]. 科研管理，2011，32（2）：67 – 73.

引进中寻找和定位引进目标和制定技术引进策略提供一定的参考。

技术引进中的专利分析，主要目的是分析出技术引进所产生的影响。例如，分析技术引进前后的相关企业/行业的申请量的变化情况、申请所反映出来的技术水平的变化情况以及企业的专利布局情况等。专利申请量的变化可以反映企业/行业的研发热度以及发展状况；企业的专利布局情况可以反映出企业的市场分布，同时也能从侧面反映出企业的技术水平。

【案例 4 - 20】 锅炉燃烧设备领域阿尔斯通公司技术引进专利分析❶

2003 年，在国家发展改革委员会的组织下，国内三大锅炉企业（东方锅炉厂、哈尔滨锅炉厂、上海锅炉厂）合作，共同引进了法国阿尔斯通公司全套的 300MW（1025t/h）亚临界循环流化床锅炉技术。对阿尔斯通公司 300MW 亚临界循环流化床锅炉的技术引进采取了混合许可的模式，既包括专利许可，也包括专有技术许可。

技术出口方阿尔斯通提供了 46 篇许可专利，其中 21 篇存在中国同族，另外 23 篇未在中国申请专利，上述两种情况应区分对待，在 21 篇中文专利中，目前仍然有效的有 16 篇。其中 4 篇在随后的年度因为未缴纳费用或其他原因专利权已经终止，也就是说，技术出口方在技术转让行为发生后就放弃了这些专利。在 21 篇中文专利中，有 1 篇 CN1056443A（优先权：法国，1990 年 4 月 20 日，9005060）已经于 2011 年 6 月 8 日专利权有效期届满，另外还有一些专利也即将到期。

所引进的阿尔斯通公司的鲁奇型循环流化床锅炉存在鲜明的特点，但是在投产和实际运行中，发现其也存在一定问题，主要有：运行过程中两床失稳、冷渣器的底渣不能顺利流动和冷却、锅炉水冷壁磨损严重、风帽磨损与风室漏渣、鲁奇型循环流化床锅炉的物料循环控制装置机械式锥形阀存在缺陷、炉膛底部布风板制造中外形尺寸控制困难、收缩余量难以控制。

国内几家大型锅炉制造厂商通过技术人员的研究，并会同浙江大学、清华大学、中科院等国内高校、科研单位共同开发研究，基本解决了上述问题，使国产亚临界 1025t/h 循环流化床锅炉技术日趋成熟。

具体的措施有：

（1）针对运行过程中的两床失稳现象，可以从控制系统增加一次风量变化的前馈信号，限制每一个风道风量的异常变化，从而有效解决两床压力的平衡问题，这方面的相关专利有：200910088898，裤衩腿结构的流化床锅炉一次风调节方法；另一种解决措施是分层布置布风板，上下布风板同属于一个炉膛，上布风板层的物料通过溢流的形式与下布风板层的物料混合，只需控制下布风板层的压力即可，这方面的相关专利有：200610118146，一种流化床锅炉分层流化布风板的布置方法。

（2）国外循环流化床锅炉使用的煤大多是灰含量很少的优质煤，同时入炉粒度得到较好的控制，因此很少遇到排渣困难的问题。而中国的循环流化床锅炉所使用的大多

---

❶　杨铁军. 燃煤锅炉燃烧设备行业专利分析报告［M］//产业专利分析报告（第 3 册）. 北京：知识产权出版社，2011.

是低热值、低挥发分的劣质煤，而且国内给煤破碎系统无法满足给煤粒度设计要求，导致底渣的粒度远远超出设计值，造成排渣不畅，由于中国煤质资源的自身特点，导致中国在循环流化床锅炉排渣系统方面的研究十分活跃，相关的申请量也居于流化床炉的各个技术分支的首位。通过将冷渣器更换成国产的水冷滚筒冷渣器最终解决了所述问题，这方面的相关专利有：200410062262，一种风水联合流化床冷渣器；200510102903，一种循环流化床锅炉的冷渣器；200520078204，滚筒式流化床锅炉冷渣器；200910054142，循环流化床底渣冷却方法。

（3）针对Γ形定向风帽漏渣严重的问题，采用加焊防磨罩的方法或者采用改进型大口径钟罩式风帽。对于风帽的改进也是流化床锅炉领域国内研究热点之一，而且近年申请量有上升的趋势。这方面的相关专利有：200810102793，内表式柱形风帽；200610011187，一种浮子式风帽；200410042717，镶嵌多孔段型风帽；200620020678，一种用于流化床反应器的钟罩式风帽；200820055595，一种T形钟罩流化风帽。

（4）通过采取炉膛四角水冷壁将管改造以后，减轻和防止了流化床锅炉炉膛水冷壁密相区与稀相区交界处上部的磨损和侵蚀。这方面的相关专利有：200620047625，流化床锅炉炉膛过渡区防磨结构。

（5）改用非机械式气动控制的物料循环装置，这方面的相关专利有：200510112902，一种气动控制的物料循环装置；200610114031，循环流化床锅炉多点返料器；200910087879，一种U形水冷返料器（同族WO2010149057A）。

（6）摒弃了传统的产品整体组装制造方法，而是分成模块制造，采用气体保护焊组装模块，从而解决了由于大量的密集焊接引起的焊接收缩、变形问题，确保产品的最终尺寸符合要求，这方面的相关专利例如有：200610118145，一种循环流化床锅炉炉底布风板的制造方法。

通过具体的案例分析，技术引进过程中专利策略的使用以及技术引进对国内企业的影响可归结为下面几点：

第一，中国企业应当充分了解本领域的技术动向，明确企业技术引进的总体方向，专利文献是报道最新发明创造最快的信息源，同时它也是世界上最精确、最严密的追溯性资料，据统计世界上每年发明创造的90%可在专利文献中查出，因此企业在进行引进技术工作前，要充分利用专利文献，选择合适的技术。

第二，要对引进的行业先进技术进行前期调查，它包括：了解同行业某项特定技术是否是专利技术、是何种专利技术、是否是有效专利、专利权的期限还有多少、专利族的信息以及特定技术与特定专利技术的关系等情况，从而选择合适的引进方式。

第三，在技术引进过程中，要充分维护技术引进方的权益，明确技术转让方的各种义务，需要提醒国内企业注意的是，在中国的技术引进实践中，进口方在使用技术过程中，往往会对进口技术进行改进，对于这部分改进成果的归属，作为技术进口方的中国，应在技术引进合同中予以声明，以避免将来的知识产权纠纷。

第四，技术引进要与消化吸收相结合。产业、学校、科研机构相互配合，发挥各自的优势，通过对引进技术的消化、吸收、改进，促进国内相关行业的实质发展。

第五，随着国内企业生产技术的进步和资金经验的积累，中国企业也应考虑知识产权的输出，尤其是在企业需要重点发展业务的国家，进行专利申请是"兵马未动，粮草先行"的战略性做法。

4.5.8　企业并购相关专利分析

目前，企业之间的并购非常频繁，尤其在技术竞争激烈的行业中，很多企业申请人会选择通过收购具有技术优势的其他公司或机构来实现业务范围的扩张或升级。通常，企业并购伴随着以专利为代表的无形资产的权利转移。因此，从专利的角度对企业申请人的技术态势与发展并购行为进行分析，能够在一定程度上发现企业的技术发展战略及其专利发展策略。

【案例 4 - 21】 智能手机行业中苹果公司的并购历史❶

仔细分析苹果的发展历史，其并购策略是基于对技术的超前性和预见性的判断，有目的地收购在某个领域技术实力突出的小公司，而不是去并购某个技术领域的领军者或者知名的大公司。正因为有了这样的并购策略，苹果公司才能够"有的放矢"，以最快的速度去弥补自己产品的不足，或摆脱对其他厂商的依赖，进一步凭借着其强大的研发实力和雄厚的财力将并购公司整合到各个研发部门中，开发出性能更加优异的产品。iPhone 就是苹果并购策略的最好佐证。苹果在未涉足智能手机领域之前，尤其是 2002 年前，并购的公司大部分业务都在个人计算机上，包括操作系统、图形芯片以及周边软件等。但到了 2005 年后，苹果并购了做手势识别的公司 Fingerworks，这家公司拥有触控技术发明的重要专利；2008 年和 2010 年，苹果分别并购了两家半导体公司 P. A. Semi 和 Inrinsity，这两家公司均是以制造高性能低功耗处理器著称，从而帮助 iPhone 实现了整体能耗的降低；2010 年，苹果并购了专注于语音识别的 Siri 公司，随即推出了对应的语音助理产品。

由表 4 - 13 的并购历史以及所并购公司的专利可以看出苹果公司在智能手机领域的未来发展方向有如下几点：

①语音识别技术是未来人机交互技术的研发重点。

②基于位置服务是未来应用与服务的研发热点。

③低功耗设计依然是智能手机的研发难点。

④地图技术正是基于位置服务的关键技术。

苹果公司的并购历史以及所并购公司的专利带给国内企业的启示：

①高度重视语音识别技术的研发，加快其技术改进和应用，争取尽快在语音识别技术方面部署更多的专利，从而在手机市场占据有利先机。

②利用本土化优势，深入挖掘中国智能手机用户的需求。

③低功耗设计依然是智能手机急需解决的技术问题。

④地图技术依然是基于位置服务的研发重点。

---

❶ 腾讯网. 腾讯科技［DB/OL］. ［2018 - 7 - 26］. http：//tech. qq. com/a/20121007/000031. htm#p = 4.

表 4 – 13　苹果公司的并购历史

时　间	并购公司及其技术	并购技术的应用领域
1986 年	NeXT Computer 公司的 NeXTStep 操作系统	NeXTStep 操作系统成为苹果公司后续操作系统研发的基础
1999 年	Raycer Graphics 图形芯片公司	研发自己的图形芯片
2000 年	网络软件公司 NetSelector	
2001 年	DVD 制作软件公司 Astarte	
2001 年	图形处理软件公司 Source Technologies	
2001 年	网络服务公司 bluebuzz	
2002 年 2 月	Nothing Real 公司的电子效果软件	将其技术增加至苹果的电子效果软件 Shake 中
2002 年 7 月	eMagic 公司的 Logic 音序软件	Logic 音序软件现在已经成为苹果专为 Mac 提供的 Logic Studio 专业音乐软件
2002 年	Silicon Grail Corp-Chalice 公司的数字特效软件	
2005 年	手势识别的公司 Fingerworks	拥有触控技术发明的重要专利
2006 年	Proximity 及其产品 Artbox	将该媒体管理和工作流系统专门用于处理短视频、动画、照片和音频
2007 年	Mac 机克隆生产商 Power Computing	终结克隆业务
2008 年	P. A. Semi 微型处理器设计公司	在该公司技术基础上研发高性能低功耗处理器，推出了苹果公司的芯片——A5
2009 年 7 月	地图软件生产商 Placebase	研发地图应用程序
2009 年 12 月	媒体音乐 Lala 公司	在交易一年后苹果公司关闭了这项在线音乐服务
2010 年	移动广告公司 Quattro Wireless	苹果推出 iAd 广告服务
2010 年 4 月	移动芯片生产商 Intrinsity 公司	苹果开发出速度更快、能耗更低的处理器
2010 年 4 月	Siri Inc 公司的语音电子个人助理	将 Siri 语音助理整合成为 iOS 移动操作系统的一部分
2010 年 7 月	基于网页的 3D 地图公司 Poly9	研发地图应用程序
2011 年 10 月	地图公司 C3	研发地图应用程序
2012 年 7 月	移动安全公司 AuthenTec	帮助 iPhone 和 iPad 打造成更加安全的移动支付设备

4.5.9 诉讼专利分析

近年来，涉及专利的诉讼案件呈井喷式增长态势，诉讼案件将专利这一矛与盾的完美统一体的角色演绎得淋漓尽致。企业提起专利诉讼的目的有以下几个：①获得赔款；②扩大自身影响力；③将竞争对手赶出市场或打压竞争对手的市场份额；④警示、威胁竞争对手，阻挡其前进的脚步；⑤获得交叉许可的资本；⑥间接挑战竞争对手专利的有效性。相应地，专利诉讼分析通常有以下几个目的：①从专利诉讼结果中获知发起专利诉讼的目的，从中得到启示；②获知技术争端的焦点。由于不同领域具有不同的特点，例如在医药领域，从专利诉讼中往往可以得知基础专利的信息；而由于通信领域技术发展分支较多，从专利诉讼中往往可以看到技术之争、市场之争和发展战略之争；③获知诉讼双方的专利策略，或进一步获知双方的知识产权战略。

对专利诉讼案件进行分析有助于市场主体提高专利意识，提升专利申请的质量，也能为市场主体制定专利发展策略提供一定的帮助。

【案例 4 - 22】 Elan 公司抗抑郁药领域涉诉专利分析

在 Innography 数据库检索抗抑郁药领域的诉讼专利，得到来自 44 个公司的 67 件诉讼专利。在抗抑郁药领域涉及诉讼的专利中，Elan 公司有 6 件，其专利号分别为 US6432381B2、US5573783A、US5622938A、US5510118A、US5534270A、US5145684A，如表 4 - 14 所示。其中专利号为 US6432381B2 的专利在 2002～2007 年之间涉及 3 起诉讼，诉讼双方分别为 Elan 公司与兰伯西实验有限公司、梯瓦制药公司、美兰制药公司的诉讼。

表 4 - 14　Elan 公司涉诉专利

专利号	发明名称	申请日期
US6432381B2	Methods for targeting drug delivery to the upper and/or lower gastrointestinal tract	2002. 8. 13
US5573783A	Redispersible nano particulate film matrices with protective overcoats	1996. 11. 12
US5622938A	Sugar base surfactant for nano crystals	1997. 4. 22
US5510118A	Process for preparing therapeutic compositions containing nano particles	1996. 4. 23
US5534270A	Method of preparing stable drug nano particles	1996. 7. 9

【案例 4 - 23】 2010～2012 年间移动智能终端领域的专利诉讼案例❶

有直接竞争关系的企业中，苹果和谷歌的 Android 在 2010 年都得到了快速发展，与此同时，诺基亚的 Sybian 却走向了衰落。在这种情况下，专利诉讼大战爆发了。随着苹

❶　曹瑞丽. 基于网络的 MST 领域专利诉讼战略研究 ［D］. 大连：大连海事大学，2013.

果的快速发展，诺基亚开始对其高度重视，并在 2009 年 10 月发起了首次诉讼攻击。随后两者间相继展开了 20 余次专利侵权攻击，并将诉讼的地域扩展到了英、德、荷兰等欧洲国家。2011 年 6 月，苹果最终与诺基亚达成和解，苹果给诺基亚支付了一定的和解费用，并在今后的销售额中抽取一定比例的专利许可费。HTC 是最早加入阵营的企业，其快速发展也引起了苹果公司的注意，该公司仅 2010 年智能手机出货量就达到了2460 万部，年增长率高达 165.4%。2011 年出货量达 4460 万部，全球排名第五。通过与谷歌的密切合作，得到了快速的发展，苹果公司意识到其带来的巨大威胁，因此发起了两者之间的专利诉讼大战。苹果针对 HTC 在同一天向同一法院发起了 2 起专利侵权诉讼，并在 HTC 提起反诉后，再次拿出 4 件专利提起新的诉讼，涉案的专利技术与之前涉及的属于同一性质的专利组合。由此可以看出，苹果对 HTC 的攻击是经过充分的准备的，并希望通过同性质的专利组合彻底打垮 HTC。

摩托罗拉在经历了一段时间的萧条后，希望借助 Android 重新占领市场，因此，当其看到苹果对 HTC 发起攻击时，摩托罗拉主动对苹果发起了诉讼攻击。与 HTC 相比，摩托罗拉在专利组合和诉讼经验方面具有很大的优势，因此，在对苹果的诉讼中有更加有效的手段。与苹果诉 HTC 相类似，摩托罗拉对苹果的攻击一开始就使尽全力，在同一天对苹果提起 3 起侵权诉讼，并使用一组专利在 ITC 提请专利侵权调查。2 天后，摩托罗拉又对苹果的 11 项专利提起无效或不侵权诉讼，攻击力度集中，抑制了苹果的反诉。

随着三星智能手机出货量的快速递增以及苹果公司对外合作策略的转变，2011 年，苹果公司针对三星依次提出了发明专利侵权、不正当竞争、外观设计商标侵权等多项指控，两者间的相互阻击在韩、日、德、荷兰等地区扩散。苹果公司分别在德国、荷兰等地得到了法院的支持，并获得临时禁止令。随后，三星公司又分别在美国、英国、意大利等地通过各种手段进行了全方位的反击，但到目前为止，形势的发展似乎更有利于苹果公司。

根据 Wireless Smartphone Strategies 的统计，如表 4 – 15 和表 4 – 16 所示，在 2012 年，三星占据了 30.4% 的智能手机市场，第二名和第三名分别是苹果公司和诺基亚。苹果公司在 2012 年的智能手机出货量为 1.358 亿台，而三星公司的智能手机出货量为2.13 亿台，而诺基亚的智能手机出货量为 0.35 亿台，三星公司的智能手机出货量超过了苹果公司和诺基亚这两家公司出货数量的总和。同时，三星公司在 2012 年一年的表现，创下了单家智能手机厂商一年出货量最多的历史纪录。苹果公司 2012 年智能手机的出货量与前一年相比增长了 46%、拿下了全球 19.4% 的智能手机市场，比前一年19.1% 的市场份额略有提高，从这两个数据我们也可以看出，全球智能手机的普及率在这两年正极速地提高，未来几年内还将保持这种势头。

表 4 –15　智能手机 2010 ~ 2011 年出货量市场份额统计　　　　（M：百万台）

品牌	2010 年（M）	市场份额（%）	2011 年（M）	市场份额（%）
苹果	47.5	16.78	93.1	20.27

续表

品牌	2010 年（M）	市场份额（%）	2011 年（M）	市场份额（%）
三星	24.0	8.50	90.9	19.80
诺基亚	100.3	35.43	77.3	16.84
RIM	48.0	16.95	52.5	11.44
HTC	24.6	8.69	44.6	9.71
索尼	9.5	3.36	26.8	5.84
LG	7.0	2.47	23.3	5.08
华为	5.0	1.76	20.0	4.36
摩托罗拉	13.7	4.83	18.6	4.05
中兴	3.5	1.23	12.0	2.61

表 4-16 各品牌智能手机 2012 年出货量市场份额统计 （M：百万台）

品牌	2012 年（M）	市场份额（%）
三星	213.0	30.40
苹果	135.8	19.40
诺基亚	35.0	5.00
其他	316.3	45.20

从上述相关数据可以看出，争夺市场份额是智能终端企业间专利纠纷的主要诱因。企业发起专利诉讼的主要目的在于在一定程度上打压竞争对手，或迫使竞争对手以更合理的价格进行专利技术的转让、授权和许可。

在非直接竞争企业间的专利诉讼事件中，微软诉摩托罗拉的主要目的在于警示 Android 阵营的智能终端商正面临着巨大的潜在专利风险，从而为系统 Windows Phone7 吸引更多的终端厂商。微软诉摩托罗拉与苹果诉 HTC 相比，虽然目的有些类似，但又有所不同。苹果与 HTC 均为智能终端商，两者具有相抗衡的专利技术，因此对苹果有反击力。但微软与摩托罗拉则是产业上下游的关系，虽然摩托罗拉拥有强大的专利组合，却对微软无能为力。

4.6 竞争对手分析

4.6.1 竞争环境监测

竞争环境指的是分析对象所在的行业或领域，以及竞争者的参与和竞争程度，属于分析对象生存与发展的外部环境，对其进一步的发展至关重要，代表了分析对象进入此行业或领域的成本及参与壁垒的高低。通常条件下，分析对象所面临的市场和经济状况会不断地影响着竞争环境的变化，鉴于专利制度在保护和促进技术创新的同时，还由于文献的公开流程产生了专利信息资源，而专利信息资源往往与经济、市场竞争关系密切，所以，利用专利信息监测竞争环境就成为可能❶。

1. 监测竞争环境对信息源准确度、完整度和重要度的要求更高

鉴于众多随机事件对企业市场行为的影响巨大，要求企业决策者应该具备从大量随机性信息中观察、整理、推断有价值竞争情报的能力，然而，随机性信息源往往在质量上有待商榷，诸如信息失真、不准确、失效、价值低或是根本无实用价值等一系列问题层出不穷。可见，市场经济活动中竞争环境的剖析就要求必须最大限度地剔除上述这些信息源的影响，努力提高其准确性、完整性和重要性，从而让决策者可以更有效地从信息源中把握住竞争环境的影响。所以，寻找到满足准确、完整、重要等要求的信息源就成为企业完成决策中至关重要的一环。

2. 专利信息资源具备信息准确、完整和重要的特点

专利信息资源作为集技术/法律/经济三类情报于一体的综合性信息资源类型，具备信息源准确、完整以及重要的特点。

首先是从准确性的角度看，专利信息由各国法律规定的专利管理机构发布，权威性和规范性强，标准化程度高，一致性好。

其次是从完整性的角度看，随着技术创新行为的更新，也在专利文献中不断地得到体现，而且专利管理机构定期发布的专利文献，使其与发明创造的契合度高，对重要技术方案的改进基本上能从专利文献中实现较为理想的同步，所以完整性高。

最后是从重要性的角度看，专利申请人为使自身发明创造得到专利保护，会及时地进行专利申请，鉴于专利信息的失效性和动态性特点以及对技术/经济/法律信息的涵盖作用，使其对用户需求的切合度和适用度强；另外，专利信息中广泛存在的科技发展/决策信息使其带动性更高。

3. 专利信息资源在竞争环境监测中作用巨大

对于分析对象的专利竞争情报活动来说，最明显的特点就是分析对象可以充分利用已公开的专利信息资源实现有效跟踪竞争对手专利活动的目的，同时，为使自身专利情报不被竞争对手获取到，还能采取相应的措施保护自己的专利情报资源；值得一提的是，通过对竞争对手专利情报进行详细解读和有效配置，还能够突破竞争对手的专利保护壁垒，提高自身运营活动的自由度。

从更为具体的角度看，除技术内容以外，专利信息中还存在大量的申请（专利权）人信息和发明人信息，例如发明创造的时间因素、地域因素、技术领域因素等。通过利用专利文献带有的颇具经济特征的信息类型，读者就能够很容易地解读出竞争环境中竞争对手的专利申请情况，关注的技术领域和国家/地区等，实现对竞争对手专利动态的跟踪，从而剖析其技术的特点和竞争力，以及在市场布局策略上的特点。

---

❶ 黄迎燕. 利用专利信息监测竞争环境［J］. 中国科技成果，2013（5）：4－7.

4.6.2　竞争者自身专利实力分析研究

通过建立良好的竞争环境监测网络并正确识别相应的竞争对手以后，就可以就其专利实力配置、专利与经营活动的结合能力以及优/劣势等方面的内容进行有针对性的分析，以期更全面地掌握竞争对手的整体发展情况，从而为制定符合自身业务特点的专利战略和市场战略提供支撑。

一、竞争者专利实力研究

从专利信息分析的角度看，特定竞争对手的专利实力可以从专利数量因素、技术分布及研发趋势因素、同族专利因素、专利引证因素、发明人因素等几个方面进行分析，不但可以更完整地评价竞争对手的实力，还能够为技术研发策略和专利战略的制定提供更有效的参考和借鉴价值❶。

1. 专利数量因素

竞争对手的专利数量因素涵盖专利申请数量变化和专利授权数量变化两方面的含义。根据竞争对手专利申请数量的变化情况，能够更有效地分析出其相关产品的研发投入力度和重视程度，而专利授权数量的多寡能够反映出专利质量的高低，以便更好地优化其专利策略的进行。另外，通过进一步评价竞争对手特定技术分支专利数量趋势与其总体专利趋势的对应关系，还能大体了解此竞争对手业务变化的原因是源自其内部还是外部。

2. 技术分布因素

竞争对手的技术分布因素可以从其 IPC 分类号的分布情况和变化情况进行考察。借助检索竞争对手的 IPC 分类号信息的分布情况，能够全面地剖析其在研发技术领域、技术特点以及技术优势等方面的内容；另外，借助竞争对手在专利 IPC 分类号上的变化趋势，能够从一定程度上了解其技术大致的沿革趋势、未来的技术研发方向和热点内容。

3. 同族专利因素

专利族（同族数量）指具有共同优先权的在不同国家或国际专利组织中多次申请、多次公布或批准的内容相同或基本相同的一组专利文献，而一个专利族的同族专利数量越多，说明持有该项专利有获得高报酬或是能扩大市场规模的潜在性，故而对专利权人凸显出的重要性就越高，对整个技术脉络的传承和发展的参考价值也就越大。

通过分析竞争对手在同族专利数量及分布上的情况，能够发现其更为看重的技术类别和市场配置方面的策略，为进一步地发现其技术优势和在市场环节的侵权风险规避提供更清晰的借鉴意义。

4. 专利引证因素

专利引证因素包括专利被引证信息和专利引用信息，其中，专利被引证信息指的是某项专利文献在首次公开之后，被后续专利文献作为技术参考所引用的总次数。在专利信息分析中，一篇专利文献被引证的次数越多，表明其对该领域的技术发展越具有影响力，也就越显重要，分析的价值也就越高；而专利引用数量指标能够表征此项专利在研

---

❶　刘红光，吕义超. 专利情报分析在特定竞争对手分析中的应用［J］. 情报杂志，2010，29（7）：36-38.

究过程中参考其他技术的数量，引证数量多，显示该专利更多地参考前人经验，具有更高的专利稳定性。

通过专利被引证信息的分析，能够发现竞争对手比较重要的专利技术，进而了解其技术优势和研发战略，同时为研发人员提供新的研发思路，以便提高研发效率。同时借助专利引用信息，发现竞争对手在技术研发配置上的传承性，为分析其关键技术发展路线提供一定的参考依据。

5. 发明人因素

在专利分析领域，发明人代表了竞争对手研发实力的强弱。主要发明人情况指标涵盖此发明人的隶属企业、国别、申请量、专利活跃年份以及重点研发领域，通过分析，可以知晓各自在此技术领域中的研发团队规模以及研发人员对更深层次技术分支的分配情况，从而更准确地获悉到各自在技术研发策略上的重点，对建立关键技术预警系统和制定人才引进策略都具有参考价值。

二、专利活动嵌入经营活动的分析研究

从包含的类别角度看，竞争对手的经营活动可以从其技术研发以及合作伙伴两方面入手进行分析。而在专利分析过程中，要将专利申请和专利运营两方面的策略都考虑进来。

1. 专利活动推进技术研发广度和宽度

鉴于专利最主要的特征是对技术方案本身创新行为的涵盖与预示，所以根据专利活动与技术研发行为的结合作用，能够判断出竞争者技术配置水平的现状和发展前景，以便能够制定和调整更为合理的对策。一般情况下，包含 3 方面的含义。

首先是专利活动与技术水平发展情况之间的关系。利用专利信息的概念，能够剖析出特定领域的技术演变趋势，了解发展状况，启迪更新的研发动向，预测出该技术在未来可能的发展路径，对目前存在的技术问题提供更有效的解决方案。从实现的效果看，利用专利活动分析技术水平，能够提高研发效率，缩短研发周期，使其实现更为先进的技术创新和产品研发。

其次是利用专利文献中体现出来的技术信息来整体了解特定技术的市场前景和发展潜力以及相关竞争者的研究方向和市场定位。所以，应借助专利信息战略的思维，建立起适合本行业或领域研发特点的专业预警数据库以及适合自身技术特点的重要竞争对手数据库，并通过预先对专利数据库的加工，实现专利技术向实际研发技术的"映射"，不但使企业研发技术人员非常容易地捕捉到专利数据中蕴含的创新点，从而做到动态地调整研发方向，减少研发成本的浪费，还能帮助决策人员及时地观察到竞争对手产品产出对自身的影响，以便从战略角度对公司发展做出正确的决策。

最后是利用专利活动实现对技术生命周期的精准剖析。借助专利活动，将多个竞争者在发展过程中的不同生命周期趋势指标一起分析，从整体角度考虑技术生命周期的趋势，可以修正个别竞争者在数据展示精度上的不足，从而更有效地判断技术发展的趋势、技术研发的新方向以及技术在工业生产上应用和新型市场成形的可能性，以便为管理者决策提供参考依据。

2. 专利活动协助合作伙伴类型判断

在专利信息分析中，为了反映竞争对手整体技术配置特点及专利策略，经常需要将竞争对手相关的所有经营实体（包括分公司、子公司、分支机构、原公司等）进行合并，然后从整体范围进行考虑。而在对竞争者自身经营活动进行分析时，研究这些经营实体间的专利活动关系，能更有效地了解到其技术分布的特点和技术合作的趋势。首先是专利交叉许可情况。如果在实体间的专利比较接近，但存在专利权属间的复杂关系和相互依存，这种情况下，采用交叉许可能够有效地避免在对方专利对自身生产经营形成障碍时无法继续进行的状况；如果实体间的专利反映的是毫无关联的专利技术，那么在各自取得专利权后，实体间则可以自由使用。其次是合作开发专利技术，共同进行市场的开拓行为。这种合作开发不但能够明显降低实体的研发风险，减少研发的成本；在进行分析时，要仔细研究合作双方的技术实力和合作条件等因素，以便更准确地制定出相应的对策❶。

4.6.3　竞争对手情报研究

一、潜在竞争对手分析

从专利信息加工和检索角度看，专利信息中所配置的人员信息通常包括申请（专利权）人和发明人等，这些信息构成了对竞争对手活动进行监测的基础。首先，通过对分析对象所在技术领域的专利信息数据进行申请（专利权）人或发明人的统计，就能初步整理出本领域竞争对手的列表；其次，通过对上述列表中竞争对手的专利数量进行排序，数量较多的往往是分析对象的主要竞争对手。不过，在确定主要竞争对手时，除了专利数量因素，还应将市场方面的因素考虑进去，以防遗漏掉潜在的重要竞争对手。

另外，从类型角度看，竞争对手通常包括两类：一类包括科研院校在内的技术竞争者；另一类是具有一定生产规模和技术研发能力的竞争者。前者往往是分析对象积极争取、尽量合作的对象，有效的利用能够极大地提高分析对象在技术上的创新和节省研发成本；后者是分析对象真正意义上的竞争对手，应该密切监测其技术研发和市场环境的策略。

二、竞争对手实力分析

通过上节内容，读者已经了解了竞争对手的确定，本节中主要对识别出的竞争对手在实力上的分析原则和方法进行介绍。

在确定分析对象的竞争对手名单后，可以进一步对竞争对手在专利分类类别上的特点进行整理，考察各自在技术分布上的情况，评估竞争对手的研发重点和实力，从而准确地判断出竞争对手在技术发展上的策略和方向。

值得一提的是，实力的评价还应该考虑竞争对手在当前影响指数和平均专利被引数量两个指标上的配置情况。

当前影响指数（Current Impact Index，CII）主要反映被评价对象在特定时间范围内的影响力和专利组合质量，其计算方式为：首先，分别统计今年以前连续 5 年授权的专

---

❶ 应硕，汪洋．专利情报在竞争对手分析中的应用 [J]．图书馆理论与实践，2012（7）：39 – 41.

利数量、被分析企业的授权专利数量、前 5 年的专利被引用次数、前 5 年内该企业授权专利被引用的次数，其次将被引用次数除以 5 年内该企业的专利授权量，得到一个平均被引用率，最后将这个平均被引用率除以同时期授权专利的平均被引用率，便得到了该评价对象的 CII 值，当 CII = 1 时，说明过去 5 年内，该评价对象专利平均被引用的情况和同时期专利平均被引用的情况是一样的；当 CII = 1.1 时，说明相比同时期专利平均被引用的情况，该评价对象每一个专利有多出 10% 的被引用率。

平均专利被引用数（Cites Per Patent）指的是评价对象在某年度所有专利被后续专利引用的总次数/公司某年度所有专利数量。平均专利被引用数事实上是专利被引频次的平均数，它不关注评价对象某一个被高频引用的专利，而是从整体出发评估评价对象某年所发表专利的重要性和受到关注的程度。平均值高说明该评价对象所申请专利的整体水平高，影响力大，则技术实力也相对更强。平均专利被引用数应在同一技术领域、同一年度进行比较，因为不同技术领域的专利技术被引频次本身差距很大，而不同年度的比较也不合理，因为被引频次是随时间而变化的，时间间隔不同，得到的值也可能不同。

另外，结合竞争对手主体经营特点上的判断，确定竞争对手究竟是技术上的对手，还是产品上的对手。一般情况下，技术上的对手虽拥有大量专利，但很少从市场角度与分析对象竞争，其主要的利益获取方式来自专利运营行为，例如专利许可、专利转让等；而产品上的对手往往直接生产产品，进而参与市场活动的竞争。

三、竞争对手专利活动的价值分析

从内容上看，竞争对手的专利活动主要指其在专利策略上的制定和改变。通过对这些活动的监测，可以发现竞争对手在产品、市场以及技术上的战略配置情况❶。

1. 产品策略监测

当竞争对手的专利活动中出现与其当前产品不相关的情况时，从一定程度上预示着全新产品的出现；当竞争对手的专利活动中包含先进的专利申请时，表明其将会开发出较先进的产品；当竞争对手集中在某一技术领域进行专利活动（例如购买专利）时，预示着其有可能在此领域进行相应的投资和生产。分析对象应该借助各种途径搜集相关的专利活动方面的情报，设法获取竞争对手在新技术或新产品上的参数，预测可能的应用范围，以便采取相应的对策。

2. 潜在市场监测

通常情况下，刚刚出现的发明专利所指代的技术在开始阶段会局限在非常狭窄的应用领域，随着技术的不断完善，会逐步扩大应用领域的范围。所以，应该对竞争对手在此技术领域布局专利的实施情况进行监测，调查其围绕这种技术是否有其他的专利类型出现，同时结合行业信息的情况，揭示出技术的潜在市场信息。

3. 战略情况剖析

当竞争对手在特定时间和地域范围内集中进行专利活动时，往往是围绕着新产品或新技术的推出和研发，从一定程度上预示着竞争对手明确的经济目的和市场意图。相应

---

❶ 许亚玲，付云. 基于专利信息价值的竞争情报研究［M］. 岳阳职业技术学院学报，2007，22（4）：115-117.

的专利活动涵盖专利的数量/内容、专利被引证数量、专利实施率、专利运营状况以及专利相关产品的市场占有率等。

首先是对竞争对手基本战略的剖析，考察的主要指标是竞争对手专利策略与产品策略的匹配度：若其专利申请活动较为积极，但自身的实施活动略显消极的话，表示竞争对手在市场战略上可能将要出售/转让专利或是要进行技术储备；若其发明专利的申请活动与技术实施活动同步进行，表示竞争对手可能要进行新技术/产品的市场开拓；若其在专利申请时比较注意专利类型方面的差异，例如实用新型专利数量高于发明专利数量时，表示竞争对手在市场战略选择上倾向于跟随者的定位；若其在进行专利活动时，加大了对自身已有专利技术的引证比例，表示竞争对手可能在相关领域正进行技术积累，而且此技术正是开拓市场的武器；若其引证的技术专利以其他实体为主的话，表示竞争对手在技术上的模仿行为更为明显。

其次是对竞争对手技术行为的剖析，考察的主要指标是其专利的引证分析：若其布局专利中的引用文献主要以自身专利技术为主，预示着竞争对手在技术上倾向于自主研发，技术的延续和创新大多是以自己原来的技术为基础；若其所引证的文献资源以非自身专利为主，预示着其在技术研发上较为被动，主要是以跟随者的设定出现，而通过进一步地挖掘其引证专利的来源和内容，还能大体分析出竞争对手在未来可能的技术活动。

最后是对竞争对手国际市场行为的剖析，考察的主要指标是其向（国）外专利活动的力度和范围：若其有向（国）外进行专利活动的行为，表示竞争对手有市场的国际化倾向；若其向（国）外进行的专利活动集中在某一特定地理范围，表示该竞争对手的国际市场战略配置上倾向于在该范围进行市场布局。

4.6.4 竞争对手的类型分析

通过分析前对目标产业中的市场主体进行分类，可以正确定位市场主体的产业链位置，为进一步找出产业内专利影响力大的市场主体提供依据。将市场主体分类，找准影响产业发展的关键因素，可以为专利分析确定重点研究目标提供参考。

1. 技术引领型竞争对手分析

技术引领型市场主体的主要特点是具有领先的技术创新能力。市场主导型市场主体由于具有资金、技术和先发优势，大多数情况下也是技术引领型市场主体。

技术引领型市场主体往往依据自身的核心专利构建"围栏式"专利布局，除此之外，还积极推动行业标准的建立，将技术标准化与专利相结合，力图倡导一种新理念的技术领域竞争和技术许可贸易的新规则。如 DVD 产业中的飞利浦公司，自从 1972 年最先开发出激光视盘 LD 技术后，一直是 CD、DVD 和蓝光 BD 技术的标准制定者。

【案例 4-24】3D SYSTEMS 公司专利布局分析❶

成立于 1986 年的 3D SYSTEMS 公司是全球最大的 3D 打印解决方案供应商，提供 3D 打印机、打印耗材、打印软件和培训等产品及服务。3D SYSTEMS 率先发明了立体

---

❶ 杨铁军. 产业专利分析报告（第 18 册）[M]. 北京：知识产权出版社，2014.

光刻解决方案，产品线包括 SLA – 立体光刻系列、SLS – 选择性激光烧结系列、MJM – 多喷头模型系列等，支持光敏聚合物、金属、尼龙纤维、工程塑料和热塑性塑料等多种材料的打印。通过对国际专利分类统计分析得出 3D SYSTEMS 公司专利技术排名前 20 位的 IPC 代码，如图 4 – 12 和表 4 – 17 所示。由图表可以看到 3D SYSTEMS 公司在 3D 打印领域的专利布局贯穿了 3D 打印的产业链，在工艺（B29C67/00、B29C41/12 等）、材料（B29K105/24 等）、硬件（G05B19/4099 等）及软件（G06T17/00 等）等方面均进行了专利申请。

在工艺方面，立体光刻（Stereo Lithography Apparatus，SLA）是 3D SYSTEMS 公司的优势技术，迄今为止共申请了 190 项专利族，其中，专利 US4575330A 的发明人是 3D SYSTEMS 公司创始人 Hull，是世界上第一件 SLA 专利，是 SLA 的基础专利，共被 697 件专利引用。在 SLA 的基础上，3D SYSTEMS 公司在选择性激光烧结、熔融沉积成形、多喷头打印、热塑性材料选择性喷洒、叠层实体制作、固基光敏液相等工艺以及聚合物、树脂（包括 ABS）、光敏聚合物、金属、蜡、陶瓷、共聚合物等 3D 打印材料，用围栏式的专利群进行全方位的外围专利布局。虽然外围专利的技术含量可能无法与核心专利相比，但是通过对外围专利的合理组合一定可以对竞争者的技术跟随造成一定的麻烦。

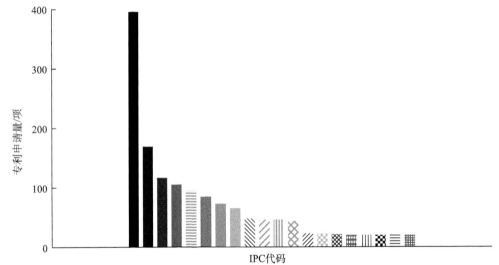

图 4 – 12　3D SYSTEMS 公司专利技术排名前 20 位的 IPC 代码

表 4 – 17　3D SYSTEMS 公司专利技术排名前 20 位的 IPC 代码及含义

IPC 代码	含　　义
B29C 67/00	不包含在 B29C 39/00 至 B29C 65/00，B29C 70/00 或 B29C 73/00 组中的成型技术 [4, 6]

IPC 代码	含　义
B29C 35/08	通过波动能量或粒子辐射［4］
G03F 7/00	图纹面，例如，印刷表面的照相制版如光刻工艺；图纹面照相制版用的材料，如含光致抗蚀剂的材料；图纹面照相制版的专用设备（用于特殊工艺的光致抗蚀剂结构见相关的位置，例如 B44C、H01L，例如 H01L 21/00、H05K）［3，5］
C03F 7/20	曝光及其设备（复制用照相印制设备入 G03B 27/00）［4］
B29K 105/24	交联的或硫化的［4］
B29C 41/12	在基底上铺开材料［4］
G06T 17/00	用于计算机制图的 3D 建模［6］
B29C 41/36	将材料送进模型、型芯或其他基底上［4］
B01J 1/42	采用电辐射检测器（光学或机械部件入 G01J 1/04；与基准光或基准电参数做比较的入 G01J 1/10）
G06T 17/20	线框绘图，例如：多边法或镶嵌［6］
G06T 17/10	体积绘图，例如：圆柱体、六面体或使用结构实体几何（CSG）［6］
G06F 17/50	（转入 G06T 17/05）地理模型［2011.01］
G05B 19/4099	表面或曲线机械加工，制成 3D 物品，例如写字桌顶部的制造［6］
B29C 41/02	用于制造定长的制品，即不连续的制品［4］
B29K 63/00	用环氧树脂作为模制材料［4］
B22F 3/105	利用电流、激光辐射或等离子体（B22F 3/11 优先）［6］
G01F 23/292	光［6］
G01F 23/36	用电气操作的指示装置［4］
G05D 9/12	以使用电装置为特征的
B22F 3/00c	由金属粉末制造工件或制品，其特点为用压实或烧结的方法；所用的专用设备

2. 技术跟随型竞争对手分析

技术跟随型市场主体往往利用外围专利进行专利布局，其专利申请的目的多为参与市场竞争与合作。如 DVD6C 专利联盟的成员中，专利池中除了掌握核心专利的 9 家理事成员企业外，其余百家市场主体多属于技术跟随型市场主体，无论从产业控制力还是专利影响力方面，与技术引领型市场主体的差距很大。

技术跟随型市场主体虽然专利强度相对较弱，但是其专利布局策略和方法以及融入产业的方式，还是值得在专利分析时进行深入研究的，能够总结经验供国内市场主体参与国际竞争时借鉴。

【案例 4-25】 EOS 公司 3D 打印技术专利布局策略❶

作为初期的技术跟随型企业，EOS 公司通过以各种不同的应用包围跟随对手的核心专利，就可能使得核心专利的价值大打折扣或荡然无存，这种专利突破方式特别适合自身技术尚不完善、研发和资金实力不足、主要采取"跟随型"研发策略的早期 EOS 公司采用。实施这种方案，需要市场主体对核心专利的敏感度足够，并能迅速跟进，在该专利（SLS）（申请号为 DE1993004300478）的基础上进行改进或改良（SLM），并最终建立属于自己的技术体系（DMLS），完成"源头开花"的原创性专利的开发，实现技术的跨越式发展（见图 4-13）。

EOS 公司在对付 DTM 公司的外围专利布局策略上，采取"点面结合""战略性放弃"的进攻策略。因为 DTM 公司占据核心专利的有利位置，EOS 公司利用事务之间相互制约的关系，避实击虚，寻找机会攻击 DTM 专利布局的薄弱环节——攻其必救，占据 DTM 公司在外围专利的必经路线，逼迫对方进行专利交叉许可，从而以最低成本获取激光烧结核心专利的使用权，这正是专利三十六计中"围魏救赵"一计精华所在❷。

对粉末输送涂覆装置和粉末烧结材料进行有针对性的重点突破，并在 DTM 公司没有进行针对性布局的测量装置和激光传感器方面进行战略性专利布局，对于气体保护装置在前期没有布局，后期利用自己与瑞士的 FHS 圣加仑应用科学大学 RPD 研究所合作申请的 PCT 专利 WO2007000069A（优先权日为 2005 年 6 月 27 日），完成了其 EOSINT M280 产品中集成保护气体管理体系的建立。

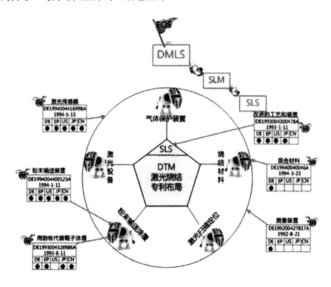

图 4-13　EOS 公司突破 DTM 公司专利壁垒模型❸

❶ 董新蕊. 3D 打印行业巨头德国 EOS 公司专利分析 [J]. 中国发明与专利, 2013 (12)：45-50.
❷ 董新蕊. 专利三十六计之围魏救赵 [J]. 中国发明与专利, 2014 (7)：6-8.
❸ 董新蕊. 3D 打印行业巨头德国 EOS 公司专利分析 [J]. 中国发明与专利, 2013 (12)：49.

3. 新进入及潜在竞争对手分析

新进入市场主体及潜在的的竞争对手是在专利分析时值得重点关注的市场主体类型。市场热点和对未来发展趋势的判断使得现有市场主体在业务领域的范围上不断探索、转型，同时新兴和初创市场主体的涌现也加大了专利热点领域的竞争，因此这些产业开拓的新型进入者也就构成了专利分析的主要目标之一。

根据迈克尔·波特的"五力模型"，潜在竞争者或新型进入者的威胁是一个重要因素。通过研究专利动向发现产业新的进入市场主体，分析其研发方向和经营模式，有助于改进现有产业内市场主体发展的不足，及时调整发展方向和策略。此外，一些新进入型市场主体在某一领域具有特殊的创新能力，如苹果公司收购的 2007 年才创建的小公司 Siri 公司，凭借在语音输入和控制方面掌握着核心专利技术，成为这一领域的技术领先型市场主体。

【案例 4－26】智臻网络公司和苹果公司的语音大战●

2012 年 6 月，苹果公司迎来了一家中国公司的专利诉讼，诉讼发起人为智臻网络科技有限公司，诉讼对象为苹果公司的 Siri 相关专利技术。智臻网络科技有限公司推出产品"小 i 机器人"并获得相关专利 CN200410053749.9（一种聊天机器人系统）的专利权后，苹果公司收购了 Siri 公司并向美国专利商标局申请了 Siri 技术的相关专利，但目前未获得相关专利申请的专利授权，由于 Siri 同样涉及智能助理服务，智臻网络认为苹果公司 Siri 技术侵犯了 CN200410053749.9 相关专利权，于 2012 年 5 月向苹果公司发出律师函，希望通过协商解决专利纠纷，并于 2012 年 6 月 21 日向上海某法院提起专利诉讼（见图 4－14）。

与此同时，苹果公司于 2012 年 11 月向国家知识产权局专利复审委员会提出申请，请求宣告"小 i 机器人"的 CN200410053749.9 专利权无效。2013 年 9 月，国家知识产权局专利复审委员会做出决定，维持"小 i 机器人"相关专利权有效。苹果公司对此不服，于 2014 年 10 月 16 日向北京第一中级人民法院提起诉讼，起诉国家知识产权局专利复审委员会，要求宣告"小 i 机器人"专利无效。

无论最终结果如何，作为新进入型市场主体 Siri 公司和上海智臻网络都充分利用了专利技术进行市场保护和拓展，并结合自身特点进行最有利的保护，值得相关市场主体参考学习。

4. 退出及重返市场的竞争对手分析

市场主体退出市场的原因包括专利技术壁垒、产业链阻碍、破产、并购重组、产业转型等，通过专利分析能够分析出市场主体由于研发投入少、缺乏自主知识产权核心技术、缺乏专利战略的运用、缺乏产业链的整合等退出市场原因，为行业和市场主体发展提供借鉴基础。

不少市场主体通常将新兴市场、蓝海市场作为开拓重点，但是由于市场不成熟，市场主体遇到上述障碍后往往会出现业务萎缩，甚至退出市场，然而在新兴市场发展为热点市场后，市场主体会卷土重来并进行专利布局。

● 杨铁军. 产业专利分析报告（第 13 册）［M］. 北京：知识产权出版社，2013.

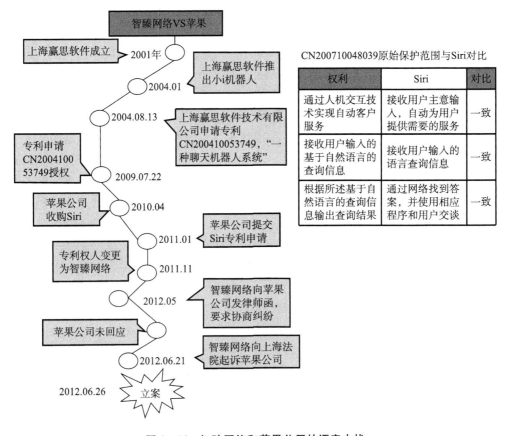

图 4-14　智臻网络和苹果公司的语音大战

重返市场的市场主体的专利申请趋势分析上往往会有一个断点期，重新进入该市场后专利申请量往往有一个触底反弹的现象出现，因为心有不甘，肯定要增大品牌、产品和专利技术的推广力度。

【案例 4-27】EOS 公司 3D 打印技术专利布局分析❶

从图 4-15 随年代分布的专利申请量散点图中可以发现，早在 1995 年 EOS 公司就在中国开始专利布局，但是直至 2003 年又开始申请，从 2005 年开始连续大规模申请，1996~2002 年的 7 年间没有任何专利申请。而根据快速成型专家清华大学林峰教授介绍，中国自 2000 年前后才开始 3D 打印技术的大规模研究，这说明 EOS 公司在中国的专利布局是在紧盯中国 3D 打印市场动态的基础上进行的。

从专利申请的类型图可以发现，在 EOS 公司的中国专利申请中，PCT 申请占了 30 件，占到其中国专利申请总量的 79%，而其余的 21% 也都享有国外申请的优先权。可见，EOS 公司的中国专利申请都是多边申请，其并没有针对中国市场单独申请专利。

从其中国专利申请量随年代分布趋势图可以发现，自 2004 年开始，EOS 公司的中国专利申请量基本上呈现出逐年递增趋势。从其中国专利申请技术点的分布可以发现，

❶ 董新蕊. 3D 打印行业巨头德国 EOS 公司专利分析［J］. 中国发明与专利，2013（12）：50.

涉及烧结工艺、烧结装置、烧结材料的专利申请比例，与其全球专利申请技术点分布的比例大致对应，这说明 EOS 公司在中国的专利布局策略与其全球技术布局策略是一致的。

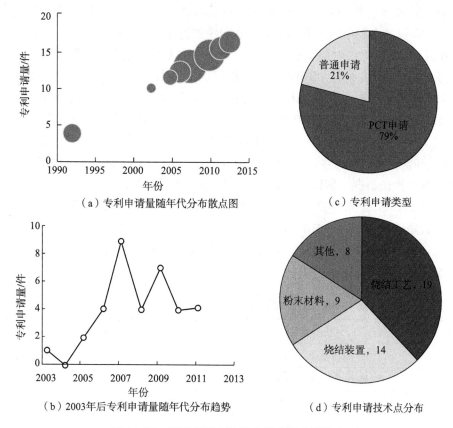

（a）专利申请量随年代分布散点图　　　　　　（c）专利申请类型

（b）2003年后专利申请量随年代分布趋势　　　　（d）专利申请技术点分布

图 4－15　EOS 公司在中国专利申请布局综合

4.6.5　竞争对手的专利分析角度

确定重点竞争对手是做好重点市场主体链分析研究的必要环节，其主要从市场主体在行业中具有重要性、典型性或代表性入手，也可以从掌握重要专利或具有长远专利战略规划的市场主体入手分析。例如，专利申请量大、专利授权量大、专利储备丰富、专利授权率高、多边申请比例高的市场主体，往往就是对行业或产业有着显著影响力的重点竞争对手❶。

1. 基于专利申请量排名

专利申请人的申请量排名指标反映了某一领域内专利申请人的技术活跃度情况及其专利布局策略，研发投入越多、技术开发越活跃，专利申请越积极、专利布局越广泛，能够反映在专利申请人的专利申请数量上。世界知识产权组织和包括各国专利局在内的官方机构所公布的每年专利申请量排行榜以及各分支技术的专利申请量排名，在一定程

---

❶　杨铁军．专利分析实务手册［M］．北京：知识产权出版社，2012.

度上反映了当前经济环境下各市场主体的专利投入情况，是一项重要的参考指标。

专利申请在时间阶段上的排名可以反映市场主体与市场主体之间相对实力变化的发展历程，从而为评估市场主体技术实力，预测市场潜力提供参考，进而便于市场主体挑选技术跟随和技术合作的对象。分析中依据不同的分析目标，一般将专利数量排名前10位或前50位的专利申请人列为主要竞争对手进行进一步分析。

【案例 4 - 28】 无线射频识别（RFID）标签技术专利申请量分析❶

在法国 QUESTEL 公司 ORBIT 系统所提供的专利数据库中采集有关无线射频识别（RFID）标签技术领域方面的专利，数据采集截至 2011 年 10 月 31 日，按照申请人申请专利的数量排序，对申请量在 50 件以上的公司及研究机构的统计，共有 19 位，其中申请量超过 100 件的申请人共有 7 位，排名前 3 位的分别是 IBM（145 件）、三星电子（140 件）和富士通（132 件），这 3 家公司的优势相对明显，但三者之间势均力敌，尚未形成一家独大的情况。紧跟这 3 家公司之后的是韩国电子通信研究院，共申请 120 件专利。另外的 3 家公司分别是美国易腾迈公司（108 件）、美国 ROUND ROCK RESEARCH 公司（107 件）和美国讯宝科技公司（106 件），这 3 家公司的申请量相当，竞争激烈，争相发展该领域技术。其他申请人相对来说势力还较弱，还不能与前七位申请人形成竞争。结果如表 4 - 18 所示。

表 4 - 18　全球 RFID 标签技术专利申请量前 19 名排名

序号	机构名称	专利申请量（件）	国家（地区）
1	国际商用机器公司（IBM）	145	美国
2	三星电子公司（SAMSUNG）	140	韩国
3	富士通公司（FUJITSU）	132	日本
4	韩国电子通信研究院（KOREA ELECTRONICS &TELECOMMUNICATIONS RESEARCH INSTITUTE）	120	韩国
5	易腾迈公司（INTERMEC）	108	美国
6	ROUND ROCK RESEARCH 公司	107	美国
7	讯宝科技公司（SYMBOLTECHNOLOGIES）	106	美国
8	日立公司（HITACHI）	87	日本
9	乐金集团（LG GROUP）	75	韩国
10	远望谷（INVENGO）	67	中国
11	电气公司（NEC）	66	日本
12	先讯美资（SENSORMATIC ELECTRONICS）	66	美国
13	诺基亚（NOKIA）	62	芬兰
14	中兴通讯（ZTE）	62	中国

---

❶ 秦洪花，赵霞，张卓群. RFID 标签全球创新资源分析 [J]. 现代情报，2013，33（4）：42 - 48.

续表

序号	机构名称	专利申请量（件）	国家（地区）
15	艾利丹尼森公司（AVERY DENNISON）	58	美国
16	摩托罗拉公司（MOTOROLA）	54	美国
17	西门子（SIEMENS）	51	德国
18	美国 3M 公司	50	美国
19	ZIH 公司	50	美国

2. 基于专利授权量排名

专利申请人的授权量排名指标反映出某一领域内专利申请人获得专利权利和掌握技术实力的情况，专利授权量排名比专利申请量排名的含金量往往更高，更能表现出市场主体专利申请的价值，能够反映市场主体创新的规模。相对于专利申请量，往往在某一领域内专利授权量排名前列的市场主体在产业发展和专利谈判中掌握主动权。

【案例 4 - 29】 全球石墨烯技术主要申请人专利授权量比较分析❶

利用 Innography 对全球石墨烯专利主要申请人进行统计，得到前 10 位申请人的专利授权量，由表 4 - 19 看出，其中中国科学院以 623 件专利申请量排名第一，约占全球石墨烯技术专利总量的 14%，韩国三星电子股份有限公司以 577 件专利申请量位居第二，约占全球石墨烯技术专利总量的 13%，但是，韩国三星电子股份有限公司的专利授权量为 353 件，高于中国科学院的 279 件。全球申请人前 10 位中，三星电子专利产出年份集中于 2002 ~ 2016 年，起步最早，其他申请人几乎均在 2008 年后才集中申请石墨烯专利，研发的步伐相对落后。

表 4 - 19　全球石墨烯技术主要申请人专利授权量比较

申请人	所属国	专利申请数量（件）	授权专利数量（件）	发明人阵容	专利产出年份
中国科学院	中国	623	279	1119	2007、2009 ~ 2016
三星电子公司	韩国	577	353	1082	1990、2002 ~ 2016
海洋王照明公司	中国	424	194	19	2010 ~ 2013
浙江大学	中国	292	116	419	2003、2006、2008 ~ 2016
清华大学	中国	221	64	375	2004 ~ 2006、2008 ~ 2016
哈尔滨工业大学	中国	212	87	485	2003 ~ 2004、2007 ~ 2016
韩国科学技术院	韩国	196	44	313	2004、2008 ~ 2016
上海交通大学	中国	178	46	398	2006、2009 ~ 2016
江苏大学	中国	175	92	385	2009 ~ 2016
东南大学	中国	175	63	335	2010 ~ 2016

❶ 蒋倩. 石墨烯技术专利布局研究 [D]. 湘潭：湘潭大学，2017.

3. 竞争对手专利量时间序列分析

竞争对手专利量时间序列分析是通过对主要竞争对手涉及的技术主题的专利数量或专利申请数量随时间的变化趋势进行统计和分析，研究竞争对手重点技术变化路线、逐步放弃的技术领域和新涉足的技术领域等问题，了解竞争对手技术发展趋势。分析中可以用主题词或专利分类号表征相关技术主题。

当发现竞争对手在某个领域、某个技术分支或某个重点技术上的申请量有明显减少之后，应当适当扩展到其他相关领域、技术分支或重点上，进一步分析竞争对手是否有技术重点转移或者新的技术出现，以对此做相应的研发。

通常相关领域、技术分支或者技术重点可以通过 IPC 分类号的变化体现出来。一般来说，可以简单统计竞争对手每一年在每个领域下的技术均分布在哪些分类号下面，或者说，统计每一年的主要 IPC 是哪一个，来确定竞争对手的技术演变趋势、技术研发对象，也即可以通过技术分支年申请量的变化来判断竞争对手的研发方向[1]。当重要竞争对手在某一技术分支的申请量逐年降低的时候，预示着该技术可能是接近淘汰的技术，或者该竞争对手有意从该技术分支逐步撤出；当竞争对手在某一个技术分支上的年申请量增加的时候，说明该技术分支可能是近年来或者该竞争对手近期的技术研发热点。

【案例 4 - 30】久保田柴油机领域公开专利 IPC 统计分析[2]

以欧洲专利局—世界专利数据库为数据源，检索公开日在 1990 ~ 2008 年的久保田柴油机专利，数据采集截至 2009 年 8 月 26 日，共检索得到 547 条记录。表 4 - 20 所示为久保田在柴油机领域的 IPC 统计，表中的统计数据将每年的申请量转换为每一年某些分类号中申请所占比例，通过这样的转换，更能直接体现出技术的转移情况。

表 4 - 20　久保田柴油机各个阶段公开专利使用最多的 3 个主分类号统计

阶段	使用最多 3 个主分类号	占所在阶段的百分比（%）
1990 ~ 1994 年	F02B3	30. 2
	F02D1	9. 9
	F02B19	7. 5
1995 ~ 1999 年	F02D1	20. 5
	F02B3	18. 5
	F02D31	10. 2
2000 ~ 2004 年	F02D1	15. 8
	F02B19	15. 5
	F02D41	8. 8
2005 ~ 2008 年	F02D1	18. 2
	F01N3	13. 2
	F02M59	6. 6

[1] 张鹏，房华龙，赵星. 竞争对手专利情况分析方法探讨 [J]. 中国专利与发明，2011（9）：46 - 49.
[2] 刘红光，吕义超. 专利情报分析在特定竞争对手分析中的应用 [J]. 情报杂志，2010，29（7）：35 - 39.

从表 4 - 20 看出，分类号 F02B3 在各个阶段的使用频率依次呈明显下降趋势，说明分类号为 F02B3（F02B3/06）的技术可能在久保田柴油机研发中的重要程度有所降低。而分类号 F02D1 在各个阶段的使用频率都较高，说明分类号为 F02D1 的技术一直是久保田柴油机的研发重点。分类号 F02B19 在第一和第三阶段都占有重要位置，而 F02D41 在第三阶段才占有一定比重，这说明在某一些时间段内久保田在这几个分支上进行了重点研究，这一方面可能是市场原因造成的，一方面也有可能是久保田在这些分支上有了新的进步因而开始进行申请，所以这两个分类号所对应的技术值得关注。在最后一个阶段中出现了 F01N3、F02M59，说明此两类技术应该是久保田柴油机近几年的研究热点及未来的发展方向，要引起注意。通过分类号的统计分析，久保田在柴油机领域中技术发展式的变化得以呈现，从使用最多的 3 个主组分类号占所在阶段的累积百分比可以看出，企业的研发重点有趋于分散的趋势。

4. 竞争对手专利量增长比率

竞争对手专利量增长比率是通过计算主要竞争对手的专利申请数量或授权专利数量的增长率来表征竞争对手的竞争能力和发展态势。实际操作中，权利人的专利量增长比率可以用竞争对手近 N 年（N 一般为 1 ~ 5 年）专利数量占总量的比例来获得竞争对手专利量增长比率，再按增长比率排序分析来判断各主要竞争对手的研发活跃程度。

【案例 4 - 31】纳米硅晶光伏太阳能领域前 10 名申请人专利增长比率分析❶

选用欧洲专利局、SooPat 和佰腾 3 个专利检索平台对纳米硅晶光伏太阳能领域的专利进行检索，将 3 个平台的检索结果经过人工去重、筛选，得到专利分析样本数据 570 条。表 4 - 21 体现的是该领域重点专利申请人的专利延续时间和近 3 年专利数量占总量的比例情况，以此研究申请人保持技术领先的时间和最新的发展态势。其中，三洋电机株式会社的专利申请延续时间最长，近 3 年申请量所占比例较大，增长平稳。欧瑞康太阳能股份公司虽然专利申请总量稍稍落后，但是近 3 年增速很快。有些企业虽然起步较早，但是近几年没有进行该领域的专利申请，如排在第三位的佳能，虽然专利总量较多，但近 3 年没有该领域的专利申请，说明已基本退出了该领域的专利竞争。南开大学和南京大学的专利申请延续时间不是很长，但是近 3 年的专利占总量的比例超过或将近一半，发展迅速，具备在相关领域的科研优势。吉富新能源科技有限公司虽然专利申请延续时间只在近 3 年，但是发展迅猛，发展态势十分强劲。

表 4 - 21　纳米硅晶光伏太阳能领域前 10 名申请人专利增长比率

专利申请人	专利申请延续时间	近 3 年专利占其总量比
南开大学	2005 ~ 2012	62% of 29
美国应用材料公司	2007 ~ 2011	38% of 24
佳能	1997 ~ 2007	0% of 20

---

❶ 王程. 纳米硅晶光伏太阳能领域的专利战略研究［D］. 保定：河北大学，2014.

续表

专利申请人	专利申请延续时间	近3年专利占其总量比
吉富新能源科技有限公司	2010 ~ 2011	100% of 19
三洋电机	1985 ~ 2013	71% of 14
夏普	1984 ~ 2006	0% of 12
三菱重工	2001 ~ 2010	20% of 10
南京大学	2003 ~ 2012	40% of 10
欧瑞康太阳能股份公司	2009 ~ 2011	89% of 9
三菱电机公司	1991 ~ 2010	25% of 8

5. 竞争对手研发团队分析

竞争对手研发团队分析是在分析样本中，按照专利权利人拥有的发明人数量进行统计和排序，研究企业的研发规模。在某个技术领域，企业的发明人数量越多，往往表明企业在该领域的研发投入和研发规模越大，相应的竞争能力就越强。

【案例4-32】耐克及国内十大体育用品企业专利分析❶

对德温特专利数据库中1980～2013年耐克及国内十大体育用品企业的专利数量和参与研发的人员数量进行统计，从表4-22可以明显看出，国内品牌的专利数量与耐克公司相差较为悬殊，专利数量超过100件的只有安踏、红双喜和李宁3个品牌，但专利数量最多的安踏公司与耐克公司相比仍有较大的差距，耐克公司的专利量高达7313件，是安踏公司的19.61倍。三家公司的研发团队规模与耐克公司相比也较小，研发团队最多的是李宁公司，也仅有117人，而耐克公司的研发团队高达5548人，是李宁公司的47.42倍。国内体育用品企业与耐克等国际品牌在专利技术研发领域还有较大的差距。

表4-22 耐克及国内十大体育用品企业专利统计一览表

统计项	企 业										
	耐克	安踏	红双喜	李宁	泰山	361°	特步	匹克	双鱼	鸿星尔克	乔丹
专利量	7313	373	203	201	94	53	36	32	32	27	22
发明人	5548	85	49	117	68	16	21	5	16	7	17

6. 竞争对手重点技术领域分析

竞争对手重点技术领域分析是利用竞争对手分析样本数据中的分类号（例如IPC、ECLA、DC/MC、UCLA、FI/FT等）或主题词对应的技术内容的专利数量的多少或占总量的比例，进行统计和频次排序分析，研究竞争对手发明创造活动中最为活跃的技术领域以及技术领域中的重点技术。

---

❶ 张元梁，司虎克，蔡犁，等. 体育用品核心企业专利技术发展特征研究——以耐克公司为例 [J]. 中国体育科技，2014，50 (3)：124-131.

【案例 4 - 33】裸眼 3D 技术领域中国专利 IPC 统计分析●

检索国家知识产权局的专利数据库,2007~2016 年国内裸眼 3D 技术申请专利数量共有 877 件,将裸眼 3D 领域专利按照 IPC 分类进行分析,统计不同技术领域专利申请情况,从而获知裸眼 3D 领域的技术在不同领域的分布状况,以及各竞争主体所关注的技术焦点,从而对该领域的重点技术和发展现状及趋势做出合理评价。近年来国内裸眼 3D 行业 IPC 技术领域分类统计见表 4 - 23。

从表的横向来看,京东方科技集团股份有限公司专利申请集中在 G02(光学元件)领域,其专利申请量在众多研究裸眼 3D 的公司中遥遥领先,可见此公司在 G02(光学元件)领域有较多研究成果。深圳市亿思达显示科技有限公司在 G02 和 H04 领域有较多专利,其在 H04 方面的专利是各公司中专利数量最多的,而在 G02 领域的研究不如京东方科技集团股份有限公司。纵向来看,所有公司有关裸眼 3D 的研究数量最多的是 G02 和 H04 领域,可以推测此领域是裸眼 3D 行业的技术基础领域,凡研究裸眼 3D 必须涉及这两个领域的技术。综合分析可得,京东方科技集团股份有限公司和深圳市亿思达显示科技有限公司在裸眼 3D 的基础技术领域具有较强的研发实力。

表 4 - 23　裸眼 3D 技术 IPC 分类分析

技术领域　　　申请人	G09	G03	G06	H01	H04	G02	总计
京东方科技集团股份有限公司	1	1	2	3	7	49	63
深圳市亿思达显示科技有限公司	0	0	12	0	26	26	64
重庆卓美华视光电有限公司	3	1	0	0	6	20	30
北京京东方光电科技有限公司	1	0	4	0	3	24	32
上海科斗电子科技有限公司	0	8	0	2	1	9	20
四川长虹电器股份有限公司	1	0	5	0	14	2	22
北京京东方显示技术有限公司	0	1	1	3	1	12	18
北京乐成光视科技发展有限公司	1	0	0	0	7	8	16
深圳市华星光电技术有限公司	2	0	0	2	2	10	16
万象三维视觉科技有限公司	5	0	1	0	3	5	14
总计	14	11	25	10	70	165	295

7. 竞争对手特定技术领域分析

竞争对手特定技术领域分析是在分析样本数据时按照专利分类号或技术主题词进行统计和排序,并根据竞争对手之间专利所涉及技术主题的不同,筛选出竞争对手独特或独占的技术区域,以此研究竞争对手特定的技术领域。

● 宁静. 基于专利分析的企业技术竞争情报挖掘研究[D]. 郑州:郑州航空工业管理学院,2017.

【案例 4 -34】 太阳能光热发电技术专利主题统计分析❶

采集德温特专利数据库中 1963 ~ 2011 年太阳能光热发电技术专利方面的数据，并对主要竞争对手重点研发领域的专利申请数量分布统计，所选的 7 个技术领域均为太阳能光热发电的核心部件。从表 4 - 24 可以看出，多数公司和机构技术实力较强，技术比较全面，涉及了太阳能光发电产业的多个技术领域，体现这些公司和机构垂直整合能力较强。同时，各公司和机构重点研发领域也有所差异，其中西门子在聚光器、发电系统、支架、工作介质等多个方面占据较明显优势。

表 4 - 24　太阳能光热发电技术主要竞争对手特定研发领域的专利申请数量分布　单位：件

技术领域	西门子	松下电器	德国宇航中心	日立	三菱重工	博世	韩国能量技术研究院	美国能源部	通用电气	阿文戈亚太阳电器新技术公司
聚光器	69	17	63	3	30	5	9	29	13	26
集热元件	38	26	26	13	25	31	30	33	8	24
发电系统	44	3	20	5	19	1	2	2	8	15
控制监测	11	14	10	7	3	13	5	1	16	4
跟踪	6	7	12	0	11	10	3	3	1	4
支架	10	0	7	2	1	8	1	5	2	8
工作介质	15	0	1	1	2	1	2	0	0	0

8. 竞争对手专利区域布局分析

同族专利是指基于同一优先权文件，在不同国家或地区，以及地区间专利组织多次申请、多次公布或批准的内容相同或基本相同的一组专利文献❷。同族专利的专利族大小及区域分布反映了该专利的价值、专利权人对相关技术的重视程度，一定程度上也反映了该公司的市场推进战略。

竞争对手专利区域布局分析是在竞争对手分析样本数据中，对竞争对手专利涉及的国家或地区、竞争对手的同族专利涉及的国家数量进行统计和时序分析，研究竞争对手技术分布特征和技术布局的战略。

【案例 4 -35】 DHA 专利重点企业同族专利分析❸

在国家知识产权出版社中外专利检索与分析平台检索 DHA（二十二碳六烯酸）技术方面的相关专利，按照专利优先权国家对竞争对手进行统计和分析，结果如图 4 - 16 所示。从图看出一些企业在全球范围内进行了积极的专利布局，且有 8 家企业申请了 PCT 专利。说明这些企业不仅有较强的科研实力，而且有很强烈的知识产权意识，善于通过专利

---

❶ 侯元元，夏勇其，等．基于专利信息的太阳能光热发电技术竞争态势分析 ［J］．情报探索，2014（8）：54 - 58.

❷ 阚元汉．专利信息检索与利用 ［M］．北京：海洋出版社，2008.

❸ 张红芹，鲍志彦．基于专利地图的竞争对手识别研究 ［J］．情报科学，2011，29（12）：1825 - 1829.

族的 PCT 申请在国际范围进行专利布局，防止侵权的同时占领国际市场。同时，有 6 家国外企业在中国提交了专利申请，显示了其对中国市场的信心，对于中国这个很大的消费市场，国外企业常常是"产品未到，专利先行（中国受理的 DHA 领域专利申请 32% 来自国外企业）"，而中国的本土企业一方面研发能力比较薄弱，另一方面知识产权的意识不强，在丢失了部分国内市场的同时，对于海外市场也还没有保护能力。

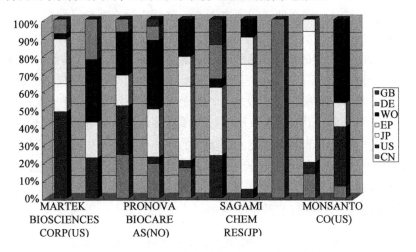

图 4 - 16　DHA 专利重点企业同族专利分析

9. 竞争对手竞争地位评价

竞争对手竞争地位评价是在竞争对手分析样本数据中，通过计算专利引证率，构建专利引证率的四方图，研究企业的竞争能力。通常，竞争对手分为技术先驱者、重点技术持有者、技术参与者和技术模仿者。

如图 4 - 17 所示，当竞争对手专利被引证率高、自我引证率高时，说明该企业专利申请量大且拥有相关技术领域的前沿技术。同时，围绕着重点前沿技术形成了较好的专利技术保护网络。但因为没有现有技术可供参考，所以自我引证率高，它们是该技术领域的技术先驱者，技术竞争力最大。当竞争对手专利被引证率高、自我引证率低时，说明该企业拥有相关技术领域的核心专利，但专利技术份额不高，难以成为技术领军者。

当竞争对手专利被引证率低、自我引证率低时，说明该企业技术力量薄弱，是相关技术领域的模仿者和跟随者，基本不具有竞争力。

当竞争对手专利被引证率低、自我引证率高时，说明该企业拥有相关技术领域的专利不多，不涉及某技术领域重点技术，其技术具有一定特色，但难以形成技术优势。

图 4 - 17　专利引证地图

【案例 4 – 36】 4G 移动通信技术主要竞争对手的专利引用情况分析❶

由表 4 – 25 可以看出，高通和三星公司无论是在专利数量还是引用率排名方面都比较靠前，说明其技术竞争力较强。其中高通的专利自引用率较高，说明其技术的自我发展和继承性较强，而总被引证率较低，反映其专利在技术领域内的主要竞争者之间的引用程度稍弱，这与公众通常认为的美国高通公司拥有着较多移动通信技术领域的核心专利和基础专利，理应具备较高的被引证率不符，之所以没有在统计数据上显示出来，推测这可能是因为在 4G 时代，中国、韩国和日本的一些企业同样具有大量与技术标准相关的专利，因此行业内企业可以有条件有意识地绕开高通公司的专利丛林，以此避免向其支付高额的专利授权费用。韩国三星的专利数量略低于高通，但其总被引证率较高，说明三星在行业内的技术参与程度较高，技术影响力相对较大。诺基亚、松下、LG 等企业的专利引证率较高，说明其拥有的基础技术较多，然而专利数量相对较少，说明其技术发展后继乏力，将逐渐丧失在技术领域内的主体地位。我国的中兴和华为拥有的专利总量已经明显领先其他企业，充分反映出近年来我国通信企业在移动通信领域技术研发实力上取得的重大进步，然而两家企业的专利自引率较高，被引率排名都相对靠后，表明我国的通信企业可能存在着基础专利薄弱或专利质量不高等问题。

表 4 – 25　4G 技术领域主要竞争对手的专利引用情况

序号	专利数量（件）	专利权人	自引率（%）	被引率（%）	引用率排名
1	1695	高通公司	27.98	7.70	4
2	1279	三星电子公司	17.61	12.10	2
3	2380	中兴通讯	47.98	1.40	9
4	694	LG 公司	22.72	5.40	5
5	826	松下公司	25.79	13.10	1
6	1934	华为技术有限公司	31.02	2.30	8
7	874	爱立信公司	12.93	1.40	10
8	905	诺基亚公司	7.76	7.95	3
9	591	索尼公司	14.82	4.60	6
10	573	InterDigital 技术公司	5.96	3.80	7

10. 竞争对手专利法律状态分析

在实际工作中，往往需要对竞争对手特定专利的法律状态进行分析，其目的是了解专利申请是否授权、授权专利是否有效、专利权人是否变更以及其他与法律状态相关的信息。一般而言，单一发明专利在申请过程中的法律状态有公开、进入实质审查、申请公布后的驳回、撤回、视为撤回和授权；在授权后的法律状态有已有专利权的视为放弃、全部或部分无效、专利权终止、主动放弃、专利申请或专利权利的恢复等。由于并

---

❶ 卜远芳. 基于专利信息分析的我国 4G 移动通信技术发展研究［D］. 洛阳：河南科技大学，2015.

不进行实质性审查，因此单一实用新型的法律状态相对更为简单，多侧重于授权后，主要有专利权授予、专利权的全部或部分无效宣告、专利权终止、专利权主动放弃等。通过检索，可以获得的信息包括专利权有效、专利权有效期届满、专利申请尚未授权、专利申请撤回、专利申请被驳回、专利权终止、专利权无效和专利权转移等。

4.7　重大专项的专利风险判定

国家科技重大专项项目（简称重大专项）的专利风险判定一般是指将某重大专项中所采用的技术、产品或方法（包括专项实施单位拥有的专利和没有申请专利的技术）列为研究对象，并将研究对象与现有相关专利的权利要求进行比较，主要依据专利侵权判定过程中的全面覆盖原则和等同原则，以及判定是否存在侵权风险的分析方法。

重大专项的专利风险判定一般由重大专项专利现状分析和重大专项专利风险等级判定组合而成。

4.7.1　重大专项的专利现状分析

重大专项的专利现状分析主要是指为保障国家经济活动中重大专项的安全和顺利实施，对重大专项采用技术的产品或所涉及的专利现状进行分析。

重大专项专利现状分析的作用是摸清我国重大专项（如神华集团煤变油重大专项）中的专利现状。实际操作中，首先列举重大专项中涉及的技术内容；其次按照项目分解内容按列表的形式明确每个技术内容中专项实施单位拥有哪些专利、哪些技术的产品或方法没有专利、哪些技术属于购买他人的专利等。

4.7.2　重大专项的专利风险等级判定

重大专项的专利风险等级判定，不同于其他数理统计方法的分析模块，它首先要在技术空白点分析模块应用的基础上检索出与重大专项的技术方案相关的专利，再通过分析人员的阅读方式比较必要的技术特征，最后利用归纳、推理等定性分析方法判定重大专项所采用的技术是否存在专利侵权风险的因素，如表 4-26 所示。

表 4-26　专利侵权分析判断表

研究对象的产品或方法	相关专利	比较过程	全面覆盖	等同原则	侵权判断	风险等级
A + B + C	A + B + C	技术特征完全相同	是	X	侵权	高
A + B + C + D	A + B + C	产品或方法比相关专利增加一项或一项以上的技术特征	是	X	侵权	高
A + B + D	A + B + C	C 和 D 可能具有非实质性区别	否	可能	可能侵权	中

续表

研究对象的产品或方法	相关专利	比较过程	全面覆盖	等同原则	侵权判断	风险等级
A＋B	A＋B＋C	产品或方法比相关专利减少一项或一项以上的技术特征	否	否	不侵权	低
A＋B＋E	A＋B＋C	C 和 E 确定具有实质性区别	否	否	不侵权	无
D＋E＋F	A＋B＋C	技术特征完全不同	否	否	不侵权	无

目前可将风险等级分为以下几类：

1. 高风险等级

如果研究对象所采用的技术方案中的必要技术特征与相关专利权利要求的全部必要技术特征相同，即适用全面覆盖原则，则构成高风险等级，其具体表现形式可以分为以下 4 种。

（1）研究对象所采用技术方案的技术特征包含了相关专利权利要求中记载的全部必要技术特征，则研究对象的产品和方法落入专利权的保护范围。

（2）相关专利权利要求中记载的必要技术特征采用的是上位概念，而研究对象采用的是相应的下位概念，则研究对象的产品和方法落入专利权的保护范围。

（3）研究对象在利用相关专利权利要求中的全部必要技术特征的基础上，又增加了新的技术特征，则研究对象的产品或方法落入专利权的保护范围。

（4）研究对象对在先技术而言是改进的技术方案，并获得了专利，属于从属专利，未经在先专利权人许可，实施该从属专利也覆盖了在先专利权的保护范围。

2. 中度风险等级

如果研究对象有一个或一个以上的技术特征，与相关专利权利要求保护的技术特征相比，从字面上看不相同，即存在区别技术特征，但经过分析可认定两者可能是相等同的技术特征，即存在适用等同原则的可能，则构成中度风险等级，满足等同原则需要同时具备的条件如下。

（1）研究对象的技术特征与专利权利要求的相应技术特征相比，以基本相同的手段，实现基本相同的功能，产生了基本相同的结果。

（2）对该专利所属领域普通技术人员来说，通过阅读专利权利要求和说明书，无须经过创造性劳动就能够联想到的技术特征。

应当注意的是，如果最终确定该区别技术特征能够同时满足等同原则的上述条件，则此种情况下的专利侵权的风险应提升到高风险等级。

3. 低风险等级

如果研究对象与相关专利权利要求保护的技术特征相比少一个或一个以上的技术特征，即研究对象的产品或方法采用的是基础专利，所对比分析的相关专利属于从属专利，则构成低风险等级。

　　应当注意的是，如果研究对象的产品或方法在未获得专利权人许可的情况下实施了该从属专利，则此种情况下的专利侵权的风险应提升到高风险等级。

　　4. 无风险等级

　　如果研究对象的产品或方法所采用的技术方案中必要技术特征与专利权利要求的全部必要技术特征完全不相同，或虽然存在部分相同的技术特征，但是二者的区别技术特征具有实质性的差别，则构成无风险等级。

　　5. 暂时无法明确风险

　　由于研究对象（产品或方法）的技术参数或技术特征不能完整获得，因此无法准确判断研究对象的产品或方法是否存在风险。

探索篇

第 5 章　专利微导航试点推进实施情况

　　自 2013 年专利导航试点工程实施以来，专利导航产业发展的理念不断普及，专利导航相关的项目实践日益丰富，专利引领产业创新发展的作用逐步显现。自 2016 年 12 月国家知识产权局发布了《企业运营类专利导航项目实施导则（暂行）》以来，在国家知识产权局统筹协调、规范引导之下，每年除国家知识产权局从国家专利导航产业发展实验区、国家专利协同运用试点单位、国家知识产权试点示范园区、国家知识产权优势示范企业中遴选一批企业运营类专利导航示范项目外，各省（区、市）知识产权局也在采取有力措施，贯彻落实《企业运营类专利导航项目实施导则》。各省（区、市）知识产权局制定相关政策支撑，探索试点专利微导航发展机制，积极推动企业专利微导航工作。通过专利导航，引领企业产品开发和技术创新，推动专利融入和专利运营，支撑企业创新发展。下面就各地方专利微导航试点推进实施的具体情况进行介绍。

5.1　福建省、市、企联合创新发展模式

　　福建省知识产权局为深入实施知识产权战略，贯彻落实《中国（福建）自由贸易试验区总体方案》（国发〔2015〕20 号）和《国家知识产权局关于实施专利导航试点工程的通知》（国知发管字〔2013〕27 号）提出的建立专利导航产业发展工作机制的要求，实施国家专利导航试点工程，充分发挥专利信息资源在技术创新发展中的引导作用，助力供给侧结构性改革，促进产业转型升级，通过专利导航产业推进企业微导航工作的创新发展模式。通过企业微导航研究的发展创新计划，目前福建省知识产权局已经实施了福厦泉国家自主创新示范区专利导航项目、"1＋10"专利导航产业发展创新计划等项目，并通过项目，以省、市、企联合创新发展的模式推进了企业专利微导航工作。为此，福建省知识产权局就专利导航工作特制定了相应的办法。

　　福建省专利导航工作包括产业专利导航和企业专利导航。

　　产业专利导航是指围绕全省战略性新兴产业，将专利信息资源利用和产业专利分析与产业运行决策深度融合，提高产业创新能力、增强竞争优势。

　　企业专利导航是指以专利信息分析为基础，把专利战略运用嵌入企业技术创新、新产品开发、市场营销及战略布局等发展之中，宏观上为企业发展方向、定位和路径提供指引，微观上为企业技术研发、专利布局、专利运营、风险规避等活动提供策略参考。

　　福建省知识产权局每年安排一定经费用于专利导航试点工作。

　　产业专利导航项目将根据全省经济工作的重点任务，围绕战略性新兴产业重点领域确定若干个产业进行定向委托，经评审后确定项目经费。

　　企业专利导航项目将根据年度申报通知，由企业自主申报、设区市知识产权局推荐，经费采取后补助的方式。凡被列入专利导航试点企业，并已开展相关专利导航工作，符合本办法规定的申报条件，可以提出经费补助申请，用于补助企业支付专利信息分析报告的费用。原则上省知识产权局补助专利信息分析报告费用的 50%，每家企业补助额度累计最高不超过 20 万元，试点企业所在的设区市知识产权局给予一定配套经费。企业专利导航所需的专利信息数据库建立及后续维护费用由试点企业自筹。

　　同时，要求申报专利导航试点的企业须在福建省区域内注册并具有独立法人资格，同时具备以下条件：

　　（1）省知识产权优势企业或省产业龙头企业。

　　（2）具有稳定的研发队伍和研发投入，技术创新能力强，拥有自主研发专利技术，知识产权管理基础良好。

　　（3）具有独立的知识产权管理机构、专职人员以及必要的知识产权专项工作经费。

　　（4）具备开展专利导航工作的基础，能够在人员、经费上提供保障并与专利咨询服务机构密切配合，确保导航任务顺利完成。

　　（5）无恶意侵犯他人知识产权行为。

　　此外，专利导航试点企业在福建省知识产权局指导下以及所属设区市知识产权局协助下开展工作，自主选择与具备知识产权分析评议服务资质的咨询服务机构洽商专利导航方案、签订合作协议。咨询服务机构必须是经国家知识产权局批准的知识产权分析评议示范创建机构。

　　目前，福建省知识产权局根据《福厦泉国家自主创新示范区建设实施方案》，针对自创区各片区所需开展专利导航的重点产业领域及相关要求，引入国内高端专业机构开展区域专利导航工作，力求以专利导航区域创新发展为抓手，支持福厦泉聚焦产业发展需求，找准区域产业发展的着力点，激发产业创新活力，形成竞争优势突出、知识产权密集的自创区产业集群，建设知识产权密集型区域，促进福厦泉国家自主创新示范区进一步提升自主知识产权和核心竞争力，在产业发展、区域创新方面真正成为"国家级名片"，在新福建建设中发挥引领示范作用。福厦泉国家自主创新示范区专利导航项目已经完成物联网、生物医药、新材料等产业的导航研究工作及每个产业至少两个企业的微导航研究工作。2017 年完成福建金源泉科技发展有限公司、福建海源自动化机械股份有限公司、厦门宏发电声股份有限公司、厦门雅迅网络股份有限公司、漳州立达信光电子科技有限公司、漳州市恒丽电子有限公司、福建天广消防有限公司、泉州万利得节能科技有限公司、中国重汽集团福建海西汽车有限公司、福建科宏生物工程股份有限公司、福建省亚明食品有限公司、福建龙净环保股份有限公司、福建侨龙专用汽车有限公司、福建广生堂药业股份有限公司等 14 家企业微导航。2018 年福建省知识产权局又以省市联动的方式启动"1 个重点产业 + 10 个核心主导企业"专利导航产业发展创新计划。根据计划，各设区市将围绕地方重点产业和战略性新兴产业重点领域，推荐上报若干个"1 + 10"专利导航产业发展创新计划项目组合，并提供 1：1 经费配套，省知识产权局则以政府公开招标购买社会服务的方式，吸引国内高端专业机构开展专利导航工作。通过以专利导航为抓手，有效运用专利制度和专利分析方法两大功能，帮助各地及时把握产业链中关键领域的核心专利分布，明晰产业发展方向、格局定位和升级路径，引导企业进行高水平的专利布局、储备、运营、预警和保护，为产业转型升级提供支撑，助力地方经济发展。该"1＋10"专利导航产业发展创新计划，通过与设区市政府形成导航产业创新、推动转型升级的有效合力，促进导航成果的运用和转化，是联合地方政府共同运用专利制度和方法提升产业创新驱动发展能力的重要举措，能够有效促进产业整体素质和竞争力提升，加快产业结构调整，助力产业外向型发展，加快培育知识产权密集型产业和形成一批核心竞争力强、能够引领产业发展的专利密集型企业，推动福建省产业做大做强，为"建设新福建，再上新台阶"提供有力支撑。2018年福建省知识产权局专利导航产业发展创新计划顺利实施了漳州市茶产业、漳州市日化护理用品产业、漳州市蜜柚产业、莆田市电子信息产业、龙岩市机械产业、三明市机械和汽车制造产业六大产业共计60家企业微导航研究的发展创新计划。

5.2　广西通过重点产业引领企业微导航模式

广西自2017年起通过开展重大产业专利导航及应用示范，打造广西的创新名片。广西重点围绕传统优势产业、高性能新材料产业、生态环保产业、优势特色农业、海洋资源开发利用产业、大健康产业等领域开展专利导航。通过产业企业专利分析，绘制产业发展的专利导航图，明确产业企业发展方向和路线，为产业企业发展提供决策建议，推动广西壮族自治区产业深度融入全球产业链、价值链和创新链。

2017年广西借助该区重大产业专利导航及应用示范工程，共开展37个产业相关技术的企业专利微导航及8家企业相应技术的海外专利布局试点项目。

广西开展专利微导航项目的主要内容：支持企业通过开展专利信息分析，确立研发方向，开发专利核心技术，规划专利布局，进行预警评价，规避知识产权风险。

考核指标：①完成1份包含《企业运营类专利导航项目实施导则（暂行）》各项内容的分析报告；②新申请发明专利8件以上。

申报要求：①企业与国家级或自治区级知识产权分析评议机构联合申报，企业为第一申报单位；②课题组主要成员应包含技术专家和专利信息分析专家；③优先支持通过企业知识产权管理体系认证企业、知识产权优势企业及培育单位、高新技术企业与知识产权品牌服务机构。实施周期2年。

资助方式：事前立项资助，每个课题经费资助额度不超过30万元。

同时，广西开展海外专利布局试点项目的主要内容：开展企业海外专利布局试点，支持专利代理机构为企业申请国外专利（PCT）、为企业海外专利布局提供服务，提升企业PCT申请能力。支持企业开展海外知识产权维权试点，提高企业国际竞争能力，为企业"走出去"提供支撑。

考核指标：①企业通过PCT途径申请专利5件以上；②完成1份包含《企业运营类专利导航项目实施导则（暂行）》各项内容，并重点分析海外专利布局的报告1份；③建立企业知识产权海外维权工作机制。

申报要求：外向型企业和知识产权服务机构联合申报，企业为第一申报单位。申报书要求包含开展海外布局的国家，以及经 PCT 途径申请进入国家阶段的内容。实施周期 2 年。支持课题不超过 10 个，资助额度不超过 40 万元。

因此，广西企业专利微导航工作模式更多是通过选取区重点产业的相关核心技术引领企业进行专利微导航研究。

5.3 山东省及地级市全面主导推动企业微导航模式

山东省为充分发挥专利信息资源在技术创新发展中的引导作用，集聚产业资源，满足产业和企业创新发展需求，助力供给侧结构性改革，促进产业转型升级，并借助 2016 年潍坊高新技术产业开发区和烟台经济技术开发区分别获批半导体发光产业和化工新材料产业领域的国家专利导航产业发展实验区。自此，山东省及其地级市全面开展了产业及企业专利导航工作。山东省及其地级市全面主导的产业企业微导航模式包括：区域创新类专利导航、产业规划类专利导航、园区发展类专利导航、企业运营类专利导航，通过上述四类导航涉及的关键技术推动山东的企业专利微导航工作。同时，为了加快新旧动能转换重大决策部署，充分发挥专利在全省新旧动能转换的重要支撑引领作用，山东省知识产权局研究制定了《山东省重点产业专利导航试点方案》。试点方案具体如下：

一、总体目标

开展重点产业专利导航的总体工作目标是以专利导航推动山东省重点产业布局更加科学，产业结构更加合理，引领创新资源向产业发展的关键技术领域聚集，使山东省重点产业在新旧动能转换过程中尽快完成从产业价值链中低端向高端跃升，形成产业竞争优势，抢占发展先机。围绕新旧动能转换工作要求，在山东重点区域、重点产业、重点园区、重点企业四个层面开展专利导航。逐步建立以专利导航引导推动山东区域经济、重点产业、重点园区、重点企业实现精准规划、科学发展的新型发展模式，建立"政产学研金介用"深度融合的专利导航工作体系。建设一批具有区域特色、优势明显、专利密集、布局合理的专利导航产业发展实验区，培育一批掌握核心专利、专利运用能力较强、对产业发展有较强影响力的专利导航运营企业。为山东创新发展、高质量发展和招商引资、招才引智提供知识产权供给。

二、主要任务

（1）开展区域创新类专利导航。围绕加快提升济青烟核心地位和协调发展，开展"3+14"区域创新类专利导航，立足地区特色和优势，提出区域创新发展路径。深入推进知识产权区域布局试点工作，通过开展知识产权区域布局分析，摸清特定区域的知识产权资源状况，明确区域创新资源和产业发展需要，促进各类创新资源协调发展，建立以市场竞争需求为导向的知识产权创造、运用和管理机制，提高创新资源配置效率，推动创新成果向生产力和市场竞争力高效转化。

（2）开展产业规划类专利导航。围绕"十强"产业和各地重点产业实施产业规划类专利导航，摸清产业专利布局，找准发展方向和突破口。聚焦新旧动能转换过程中产业发展需求，建立健全重点产业专利运用体系，在若干个省重点产业关键技术领域形成一批市场目的明确、专利储备初具规模、专利结构合理的专利组合，夯实产业发展知识产权基础。

（3）开展园区发展类专利导航。聚焦新旧动能转换和"双引双招"过程中产业集聚发展需求，积极推进专利导航产业发展实验区建设。重点依托国家级高新技术开发区和经济开发区，本着先行先试原则，积极探索专利导航园区产业发展新模式，引导山东重点产业园区逐步建立以专利信息分析引领园区"双引双招"和产业发展规划，以专利运营合理引导园区产业创新资源配置，以专利运用有效支撑园区产业运行效益的专利导航工作机制，构筑重点产业园区知识产权竞争优势。通过开展园区发展类专利导航，为园区技术创新、成果转化、招商引资、招才引智提供支撑。

（4）开展企业运营类专利导航。围绕重点企业、知识产权优势企业和专利密集型企业开展企业运营类专利导航，加快突破企业关键核心技术，为企业自主创新提供支撑。聚焦新旧动能转化过程中企业加速发展和转型升级需求，重点以提高企业创新驱动发展能力和核心竞争力为目标，将专利信息利用贯穿企业技术研发、产品化和市场化全流程，引导企业建立专利决策支撑机制，培育出一批在关键技术领域形成专利优势、拥有核心专利或专利组合、专利运用能力强、对产业发展有影响力的行业龙头企业。

三、重点工作

（1）建立重点产业专利导航工作机制。紧密结合山东重点产业发展和关键技术研发实际需求，以专利信息分析利用为基础，把专利运用嵌入产业技术创新、产品创新、组织创新和商业模式创新等新旧动能转换关键性节点，逐步建立专利信息分析与产业运行决策深度融合、专利创造与产业创新能力高度匹配、专利布局对产业竞争地位保障有力、专利价值实现对产业运行效益支撑有效的专利导航工作体系。依托国家和省公益性专利信息服务资源，开展省重点产业专利分析，建立重点产业专利导航报告公开发布制度，通过重点产业中共性技术和前沿性技术专利大数据分析，准确把握产业链关键领域核心专利分布，确定山东相关产业发展定位，辅助有关政府部门和各类创新主体建立以专利信息分析为基础的产业及技术发展决策机制，实现科学决策、精准决策。

（2）建设重点产业专利信息服务平台。依托省知识产权公共服务平台，有效整合地市专利信息公共服务资源，联合社会优秀专利信息服务机构搭建山东省重点产业专利信息公共服务平台。建立新旧动能转换重点产业专利库。鼓励并支持重点企业、行业协会结合自身需求建立专利信息平台。积极推进专利信息基础数据和分析工具免费向社会开放，为广大创新主体开展专利信息检索分析提供便捷渠道。坚持公益服务与社会服务相结合原则，采取市场化运作方式，为产业决策和企业市场化运营提供实时动态的专利导航服务。

（3）开展"双招双引"知识产权精准导航。针对各级政府和各有关部门，在推动新旧动能转换重大工程实施过程中，重大项目引进、重点项目投资、高端人才引进实施精准导航，通过专利大数据分析，摸清相关行业发展的现状、国际国内的布局、未来产业走势以及重点企业、技术、产品、人才状况，准确定位高端技术在哪里，高端人才在哪里，为高水平的"双招双引"推动高质量发展提供知识产权支撑。

（4）开展关键核心技术高价值专利培育。结合省重点科技项目研发，发现一批技术领先、市场价值突出、具备后续培育价值的关键核心技术。采取专利微导航方式，充分利用省部会商工作机制，协调国家级专利技术资源为企业提供专利辅导，提高相关核心技术专利申请质量，有效开展专利布局，打造关键核心技术知识产权品牌。

（5）开展重大经济科技活动知识产权分析评议。针对新旧动能转换工程中重大项目引进和输出等政府决策性工作需求，开展知识产权分析评议，有效规避各类重大经济科技活动的知识产权风险，提高决策质量，优化管理水平。同时鼓励企业根据自身需求，建立企业重大事项知识产权分析评议工作机制。

（6）推动省重点产业专利联盟建设。鼓励省重点产业组建以行业龙头企业为主、中下游配套企业参与的专利联盟，依托联盟形成一批在国内外相关行业内有较强影响力的专利池，推进知识产权与标准的融合，提升行业内部专利协同运用水平，强化专利转化运用能力，有效提高山东重点产业整体抵御行业性知识产权风险的能力。创新知识产权创新创业模式，以联盟为基础，搭建具有产业特色的低成本、便利化、全要素、开放式的知识产权创新创业基地。

（7）培育专利导航社会服务机构。支持并引导山东优秀知识产权服务机构拓展专利导航等高端专利信息服务内容。鼓励服务机构利用互联网、自媒体等网络平台进一步丰富服务手段。开展知识产权服务品牌机构培育，积极培育本土服务机构做大做强。鼓励国内外高端知识产权服务机构到山东拓展业务，形成本地机构与外来机构有序竞争、互相促进的良好知识产权服务业发展格局。

（8）培养专利导航专业人才。加大专利导航、专利运营等复合型人才培养力度，积极推进专利信息分析师、专利工程师的专利职业人才培养。从龙头企业和服务机构中选取一批专利运营项目经理，进行专利布局分析、专利价值评估、专利许可转让、专利投融资等业务专题培训，形成一批可以带领团队独立完成重大项目运作的专利运营拔尖人才，并以此为基础建立专利导航运营人才库，推动山东专利导航服务水平不断提升。

四、保障措施

（1）加强统筹协调。根据山东省新旧动能转换规划有关要求，重点加强与产业、科技主管部门联系，及时获取各部门对开展专利导航工作需求，确保专利导航工作方向与山东省重点产业规划方向的一致性。加强导航信息推送，有效发挥专利导航在重大决策部署中的关键性作用。

（2）加大资金支持力度。充分发挥财政资金的引领作用，对产业发展具有宏观作用的专利导航予以重点资金支持。鼓励引导各市、园区、企业建立专利导航产业发展工作资金，合力推进山东专利导航试点工作顺利推进。

（3）加强监督管理。加大对山东全省专利导航工作的督导力度，重点对导航质量和成果运用进行检查督导。对纳入山东省各专利导航试点项目进行监督指导和动态管理。建立专利导航项目备案制度。建立专利导航报告成果发布制度，将专利导航优秀成果适时向社会发布。

2017年山东省及地级市共推进29项产业企业关键技术专利微导航，2018年再次推进30多项产业企业关键技术专利微导航项目。在山东省及地级市专利导航工作的推动下，各地级市又单独围绕各自特色产业开展了相关专利导航工作。东营市针对东营关注的 14 家重点企业实施微观专利导航项目，2017 年分别与万达集团、科瑞集团、海科集团等 11 家企业签订了 12 个微观导航项目。泰安市 2018 年在泰安高新区也开展了四大核心产业并带动产业企业的专利微导航工作。山东通过这种全面主导的产业企业微导航模式，进一步推进了专利导航产业发展工作，建立专利导航产业创新发展工作机制，帮助企业从知识产权方面应对国外的贸易壁垒，促进了企业技术创新和产业转型升级。

5.4　成都知识产权运营服务体系推动模式

为了加快推进成都市知识产权运营服务体系建设，系统推进国家全面创新改革试验城市建设，探索知识产权运营新理念和新模式，打通知识产权创造、运用、保护、管理和服务的全链条，激活创新创业资源，推动企业提质增效、产业转型升级。成都市于 2018 年开始实施知识产权导航创新发展计划，通过政府购买服务的方式，设立 15 个专利导航产业发展专项，在重点产业建立专利导航创新发展决策机制。培育支撑航空航天、轨道交通、节能环保、新材料、新能源等优势产业和人工智能、精准医疗、虚拟现实、传感控制、增材制造等未来产业，围绕成都培育转换城市发展新动能、构建具有全球竞争力的现代产业体系。

成都市知识产权局通过各（市）区县知识产权行政管理部门、产业园区联合知识产权服务机构针对 15 个专利导航产业发展专项，结合产业园、各区产业企业发展重点方向，符合该产业园或区域产业企业发展定位，共同申报知识产权导航创新发展项目。其中，服务机构必须满足以下条件：

（1）必须在成都市行政区内独立注册。

（2）纳税关系在成都市行政区域内，设立形式为普通合伙人（有限合伙人），由国家知识产权局批准，具有代理服务资质。

（3）无不良社会记录和知识产权故意侵权行为。

（4）具有较强的研究能力，上年度主营业务收入不低于 500 万元，从事专利导航研究和相关服务的人员不少于 10 人，其中相关领域专利代理人、专利信息检索分析人员不少于 5 人。

成都借助知识产权运营服务体系建设，结合成都辖区产业园企业、各区县市产业企业的发展定位，通过专利导航产业研究项目带动辖区产业园、各区县市重点产业企业的发展，促进产业企业转型升级。同时，借助知识产权运营服务体系，推动了成都辖区产业园企业、各区县市知识产权行政管理部门以及当地服务机构知识产权能力的整体提升。

5.5　北京知识产权海外预警服务模式

近年来，中国企业在海外销售或参展过程中遇到的知识产权纠纷越来越突出，尤其是知识产权制度措施比较严厉的国家，如美国、德国等，频频启动针对中国企业的 337 调查或各种严厉的知识产权惩罚措施。随着"一带一路"建设的深入推进，"走出去"

的企业将越来越多，知识产权风险尤其是海外知识产权风险将成为中国企业进军国际市场中面临的迫切问题。2014 年北京市知识产权局发布了《企业海外知识产权预警指导规程》，该"规程"对专利预警工作进行了定义，指企业通过依靠自身或借助外部力量收集与企业自身产品或技术相关的专利动态信息，并进行有针对性的统计、分析，对专利风险进行警示和主动防范，更好地确定研究开发和产业发展方向。同年，北京市知识产权局启动了北京市企业海外知识产权预警项目工作，预警项目由开展海外预警分析的企业和接受委托的知识产权服务机构联合申报，预警项目资金用于资助企业在产品出口、技术出口或有出口需求、赴国外参加展会等情况下，委托知识产权服务机构开展的海外知识产权风险预警分析。

海外预警分析主要是指知识产权服务机构向企业提供知识产权相关的信息咨询、法律咨询等服务，帮助企业防范和应对海外知识产权风险。主要包括：

（1）帮助企业进行海外知识产权检索，收集与跟踪相关的数据信息。

（2）为企业提供知识产权部署分析、侵权风险分析、技术状况分析等服务，提出应对潜在风险的策略和建议。

（3）针对可能或已经对产品出口、行业安全、国际声誉构成风险的海外知识产权问题，向企业或所在行业组织提供信息支持、法律咨询以及教育培训等综合服务。

北京市知识产权局每年针对企业知识产权海外预警项目配备专门的资金用于资助经筛选符合条件的 10 ~ 30 家企业给予预警项目资金资助。申请海外预警项目资助的所属企业应符合以下条件：

（1）北京市内具有独立法人资格的内资或内资控股企业。

（2）属于信息、生物医药、先进制造、新材料、新能源、现代农业等重点行业领域并对本行业有重要影响的企业。

（3）有产品或技术向国外输出或计划拓展国外市场的企业。

（4）具备一定的国内外知识产权申请和拥有量，且对知识产权工作有相应资金投入、相关人力资源条件和配套设施的企业。

（5）对企业及其所在行业领域具有重要影响。

（6）具备明确的实施目标，经费预算科学合理。

同时，申请承担服务的中介机构应符合以下条件：

（1）在我市行政区域内依法设立的知识产权中介服务机构。

（2）具备符合项目要求的专业人力资源条件。

（3）拥有合法来源的数据库及所需信息资源、软硬件设施。

（4）充分理解项目需求，且项目预算科学合理。

实践篇

第6章　新型烟草的国际环境

新型烟草制品主要是指区别于采用传统燃吸方式的卷烟的烟草制品，相对于传统卷烟，其主要特征是不需燃烧、基本无焦油等有害成分，同时能满足人体摄入一定尼古丁的需求●。可以分为3个大类：电子烟、加热不燃烧（即低温加热）产品、无烟气烟草制品（口含烟、鼻烟、嚼烟等），如图6-1所示。

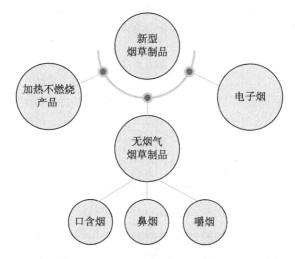

图6-1　新型烟草制品的分类

电子烟是将含有烟碱的溶液雾化，通过肺部吸收，使消费者获得类似吸食传统卷烟的满足感。加热不燃烧（低温加热）烟草制品外观和传统卷烟类似，在500℃以下只加热不燃烧烟草，但可将满足感和部分烟草香味传递给消费者，基本没有侧流烟气。本书重点选择电子烟和加热不燃烧（低温加热）烟草制品等两种类型的新型烟草进行讨论，以雾化技术和加热技术为切入点，开展专利微导航分析工作。

6.1　政策环境分析

世界卫生组织、欧盟、美国为代表的国际组织和国家加强对新型烟草制品的研究和监管，主要国家相继出台电子烟监管措施，措施不断更新。以下分别对中国、欧盟和美国的政策进行研究（见表6-1）。

●　独立市场研究机构欧睿国际采用这一分类。

表 6-1　各国电子烟法律监管情况❶

监管措施分类	国家和地区
尚未发布电子烟（含尼古丁）相关的政策，将电子烟（不含尼古丁）视为普通消费品	俄罗斯，中国，巴基斯坦，乌克兰
将电子烟（含尼古丁）视为烟草产品	英国，德国，意大利，美国，波兰，法国，爱尔兰，西班牙，克罗地亚，荷兰，斯洛文尼亚，以色列，捷克，保加利亚，芬兰，拉脱维亚，哥斯达黎加，韩国，秘鲁，塞尔维亚，摩洛哥，罗马尼亚，匈牙利，斯洛伐克，葡萄牙，奥地利
将电子烟（含尼古丁）列为药用产品	丹麦，加拿大，瑞典，菲律宾，比利时，南非，智利，新西兰
禁止电子烟（含尼古丁）销售	埃及，澳大利亚，墨西哥，洪都拉斯，哥斯达黎加，巴拿马，哥伦比亚，巴西，阿根廷，乌拉圭，挪威，瑞典，土耳其，沙特阿拉伯，阿曼，泰国，乌干达，文莱，阿曼，卡塔尔，阿联酋，委内瑞拉，塞舌尔，瑞士
禁止电子烟（含尼古丁）销售和使用	印度尼西亚，马来西亚，哥伦比亚，新加坡

● 中国

我国尚没有制定针对电子烟的监管法律，对于电子烟存在一些迄今仍未解决的争议。例如，对于电子烟的属性定位尚未明确❷，对于电子烟是否安全、是否可以帮助戒烟或减少吸烟、是否应该禁止其广告等问题也尚未达成共识❸。新型烟草制品种类多样，其产品属性、监管主体、卫生标准等还存在争议，这些争议或者模糊地带的存在，造成相关监管法律迟迟未能出台，尚在讨论制定过程中。电子烟商标属于尼斯分类的第34 类【3401】群组，目前《电子烟》国家标准获国家标准委立项，但还没有正式颁布电子烟的国家标准。

根据《烟草专卖法》规定，烟草专卖品是指卷烟、雪茄烟、烟丝、复烤烟叶、烟叶、卷烟纸、滤嘴棒、烟用丝束、烟草专用机械。烟支成分尤其是是否含有尼古丁，是决定判断监管程度的关键因素。因此，新型烟草制品如果含有"烟草特征性成分"，属于"对烟草进行加工、处理从而产生满足感"的范畴，就会成为纳入《烟草专卖法》监管对象的依据。

2018 年 7 月 17 日，《国家烟草专卖局 2018 年全面深化改革工作要点》公开发布，

❶ 李磊，周宁波，屈湘辉. 新型烟草制品市场发展及法律监管［J］. 中国烟草学报，2018，24（2）：103.
❷ 丁冬. 国外电子烟管制概况及其对我国的启示［J］. 中国烟草学报，2017，23（4）：128-134.
❸ 李保江. 全球电子烟市场发展、主要争议及政府管制［J］. 中国烟草学报，2014，20（4）：101-107.

明确要求加强研究新型烟草制品的分类管理措施，对纳入专卖监管范畴的新型烟草制品，进一步研究制定市场监管、鉴别检验、案件移送等方面的相关政策规定。2018 年 8 月 28 日，国家市场监督管理总局、国家烟草专卖局联合发布通告，禁止向未成年人出售电子烟。

低温加热烟草制品具有"加热烟丝或烟草提取物而非燃烧烟丝"的特点，填充物以烟丝为主要原料，含有烟草特征性成分。目前烟草专卖管理部门已将其纳入烟草专卖管理部门监管范围，国内市场尚未许可加热不燃烧烟草产品的销售。

- 欧盟

2006 年，以土耳其为起点，电子烟渗透到欧洲各国，2007 年进入德国。在 2014 年 3 月以后电子烟在欧盟国家的销售和进口都是合法的，中间有不少国家如荷兰、比利时和德国对电子烟在 2011 年左右都有过禁止或者开放电子烟的反复政策，甚至在同一个国家，如德国和意大利，某些城市就有自己的电子烟禁令。

欧盟国家中，对于电子烟是否可以在室内使用在 2014 年前还没有明确规定。英国政府以及其相关管理部门 MHRA 对电子烟一直处于开放的政策，电子烟在英国的销售进口从来没有任何非议，仅在 2013 年从英国发起到欧盟有过把电子烟作为药物规管的争议，后来因民众抗议不了了之。

2014 年 2 月底，欧盟颁布了 TPD20 烟草指令，其 28 个成员国在 2 年内将逐步对电子烟进行相关的规管，从形式上和细节上，如电子烟油的尼古丁浓度和烟油存储的容量等，做了相关的规定。同时，在这个基础上，各成员国政府有权自行决定执行的时间和其他细节。截至 2014 年 11 月，仅西班牙和荷兰小范围地执行 TPD20 指令的规定，整体而言，在欧洲，电子烟发展未受到关键的法律法规阻碍。

在欧盟委员会的努力下，电子烟法规在 2016 年 5 月 20 日生效。

- 美国

2007 年电子烟进入美国市场，2014 年 4 月美国 FDA 在欧盟的 TPD20 烟草指令正式公布后，也接着公布了未来对电子烟的规管方向，这个长达 200 多页的文件并没有对电子烟发出过多的限制，因为普遍认为对电子烟发展有利，从发布之日起，预计 4~5 年才能完成立法程序，最后由国会通过正式生效，但仅在随后的 2014 年 6 月，美国政府相关部门更是介入 FDA 对电子烟规管，进一步延迟和暂缓原定的进度。

截至 2014 年年底，电子烟在网络销售都是允许的，FDA 在 2014 年 4 月公布的管控计划中也没有提到要限制电子烟在网上的销售，但是一般较具规模的国际电子烟网店都有年龄提示 18 岁以下不得购买。

2016 年 5 月，FDA 宣布通过《联邦食品、药品与化妆品法》（FD&CAct）将电子烟纳入监管，并于当年 8 月生效。这一法案的推出预示着整个美国的电子烟市场即将进入一个"冷冻期"，因为它意味着没有 FDA 的允许，市场上将再也不会出现任何新产品。上市产品必须付出极高的成本（时间、资金）进行烟草销售申请，小公司几乎无法承担。除了 FDA 法案以外，美国不少州府也逐渐通过加税等方式对电子烟行业施压。7 月，宾夕法尼亚州通过了关于针对电子烟产品征收 40% 高额税的法案，这对宾夕法尼亚的电子烟实体店和消费者来说是一个重大的打击。11月，美国电子烟厂家最多的州之一——加利福尼亚州通过56号提案。加州成为又一个对电子烟加税的地方。

美国目前还没有合法上市销售的低温加热烟草制品。

• 日本

日本政府没有专门针对低温加热烟草制品和电子烟的法规。低温加热烟草制品被视作斗烟丝进行监管，而含有尼古丁的电子烟被视作药品禁止销售，不含尼古丁的电子烟则没有明确的规定。

• 其他国家、地区和组织

2008年，伊朗、澳大利亚、墨西哥禁止所有含尼古丁电子烟的销售。

2009年，约旦、加拿大、中国香港、巴拿马、以色列、巴西开始禁止电子烟的销售。

2010年，智利、新加坡开始禁止电子烟的销售。

2011年，阿根廷、委内瑞拉开始禁止电子烟的销售。

2011年，荷兰一度禁止电子烟的销售，3个月后重新推翻这项规定。

2013年，俄罗斯、俄联邦委员会（议会上院）2013年2月20日批准了反吸烟法。将禁售电子烟和咀嚼烟草。然而，该法案并未直接禁止所谓的电子烟的销售，在该国还是可以买到电子烟。

随着美国FDA法规和欧盟TPD指令的相继出台，电子烟市场的准入门槛明显提高，电子烟厂商不得不开辟全新的市场，目前"俄罗斯""印度尼西亚""中东"等国家和地区对电子烟产品的需求量逐渐开始走高，也成为厂商们角逐的新天地。新的法规出台为行业带来的不仅是暂时的困难，更多的是整个产业的规范化和市场成熟化，可以预见的是，由于新型烟草可以有效降低传统烟草的健康危害，未来的市场空间将非常大，但市场竞争也将异常激烈。

6.2　经济环境分析

2017年，全球电子烟销售额估算约120亿美元，低温加热烟草制品销售额约50亿美元，新型烟草制品延续快速增长势头。其中电子烟增速放缓，低温加热烟草制品增长迅猛，预计销售额将在3~5年间超越电子烟❶。新型烟草制品目前仍然是传统卷烟消费的必要补充，但预计到2020年销售额将超越烟丝、雪茄，成为仅次于传统卷烟的第二大类烟草制品。

新型烟草制品的消费主体是发达国家。美国是全球电子烟的第一消费大国。在美国市场，雷诺旗下的"VUSE"是全美最大的电子烟品牌，长期占美国市场份额15%左右，在全美已有10万多家零售店；美国JUUL实验室推出的"JUUL"后来居上超过帝国品牌公司的"Blu"品牌，占美国市场份额的10%左右，"Blu"排行第三占7%。英国作为世界上第一个建议使用电子烟的国家，有超过250万人使用电子烟，其2014年

❶ 骆晨. 2017年世界烟草发展报告 [J]. 中国烟草，2018，9 (4)：60-63.

的电子烟销售额约为 20 亿美元❶。在英国市场，英美烟草旗下的 "Vype" 及 "Ten Motives" 品牌占据将近 40% 的市场份额。

日本、德国、波兰等国家是低温加热烟草制品的主要市场。2017 年，低温加热卷烟产品在日本市场销售额占全球市场的份额为 91.60%❷。日本市场上主要有 3 款低温加热烟草制品，分别是菲莫公司的 iQOS、日本烟草的 Ploom TECH 和英美烟草的 GLo。iQOS 是真正推动日本加热不燃烧烟草产品市场爆发和发展的第一品牌，至 2016 年 4 月已建起了覆盖全国的分销网络。据《第一财经日报》报道，2016 年第二季度，菲莫国际旗下新型烟草产品已经迅速占据日本烟草业销售总额的 3%，直接冲击日本烟草市场❸。随着低温加热烟草制品消费需求的急剧增长，接下来几年可能会有大量新品上市，日本以其特定的市场条件，极有可能迅速超越美国成为全球最大的雾化产品市场。

受国际烟草发展趋势影响，国内新型烟草制品市场也快速兴起，烟草消费者观念发生深刻变化。我国是电子烟产业链（见图 6-2）的全球主要生产基地。据国内烟油生产企业梵活公司介绍，国内的电子烟产品主要供应国外市场，为全球提供了 90% 以上的电子烟产品及其配件，其中主要出口欧美市场，我国出口的电子烟烟具多数为代工贴牌生产，少数厂商创立了自有品牌，由海外直营店或代理商进行销售。目前，国内生产电子烟的主要厂家有 2000 多家，在分布地域上看，生产厂家集中在深圳和惠州，上海、河南、浙江、天津等省市也有分布，如合元（已上市）、新宜康、卓尔悦、艾维普思（已上市）等。

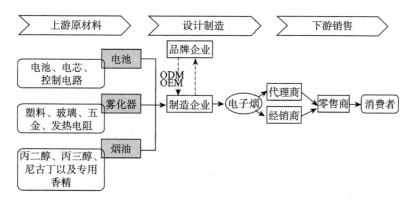

图 6-2　电子烟产业链

国内烟草行业正在加大新型烟草制品开发的投入，积极打造新型烟草制品国际竞争的新优势。2014 年，启动新型卷烟研制重大专项，全面推动行业新型烟草制品研发创新。2015 年 6 月，上海新型烟草制品研究院成立。2015 年 12 月，烟草行业新型烟草制

---

❶　电子烟公众号. 全球主要电子烟市场发展概览 [DB/OL]. http://www.tobaccochina.com/revision/cigarette/wu/201511/2015112162948_698274.shtml.

❷　李磊，周宁波，屈湘辉. 新型烟草制品市场发展及法律监管 [J]. 中国烟草学报，2018，24（2）：100-104.

❸　第一财经日报. 电子烟冲击日本烟草市场 [DB/OL]. http://www.tobaccochina.com/dianziyan/201611/20161028154814_739188.shtml.

品装备工程研究中心成立。四川中烟、云南中烟、广东中烟以及湖北中烟的低温加热烟草制品，已经在境外上市，开始试水国际市场。

6.3　技术发展历史

电子烟拥有悠久的发展历史。最早的电子烟技术要追溯到 1927 年的美国，Joseph Robinson 研制出了一种香烟使用的电子蒸发器，并申请了一件相关专利，专利号为 US1775947A，授权公告日为 1930 年 9 月 16 日，但是该专利技术并没有被商业化使用。该专利技术后期被引证 28 次，尤其 2011 年之后，以帝国烟草和现代电子烟创立者韩力所持有的如烟投资（控股）有限公司均多次引用该专利。

现代意义上的电子烟最早出现在 1963 年，美国人 Gilbert A. Herbert 研制出一款不使用烟草的香烟，生产出香烟模型，并申请了一件相关专利，专利号为 US3200819A，授权公告日为 1965 年 8 月 17 日。针对这一专利技术，随后很多公司尝试生产该款产品，并且在 1964 年和 1969 年就开始有公司在这一专利的基础上进一步改进技术并布局专利。该专利技术总共被引用 211 次，菲莫国际、美国雷诺、日本烟草、帝国烟草、韩力等国内外众多的电子烟研发巨头都参与到该类电子烟技术的改进当中。但是由于当时政府政策上对控烟力度几乎为零，因此该产品并没有获得市场推广。

在随后的很长一段时间内，电子烟技术的发展陷入停滞阶段，从 1979 年开始 Philip Ray 和 Norman Jacobson 研制第一款商用化的尼古丁蒸发装置，应用于零售厂商，虽然这不是电子烟产品，但是也是电子烟产品发展过程中的重要一步。针对这一产品 Philip Ray 在 1984 年 1 月 9 日申请了一件美国专利，专利号为 US4813437A，该专利后来也被众多烟草大公司，如美国雷诺、菲莫国际所引用。

在 20 世纪 90 年代，美国 FDA 不允许烟草公司向市场推出电子烟，在欧洲以及其他技术发达国家，电子烟的产业发展也受到政府的限制。由于长期的技术积累以及各烟草公司巨头开始探索电子烟的商业化应用，因此，越来越多的烟草公司和个人发明家在 20 世纪 90 年代对尼古丁吸入器这一电子烟的雾化核心技术展开研发和专利布局，其中一小部分与我们现代的电子烟技术的雾化器非常相似。

电子烟产业具有里程碑式的发展契机发生在 2003 年，曾任辽宁省中药研究所副所长的中国药剂师韩力申请并获得了"一种非可燃性电子雾化香烟"的发明专利，专利号为 CN100381082C。随后投资者看重了该专利，在北京成立"如烟"公司，生产韩力发明的电子烟。在 2004 年，韩力首次在国际上将这种产品量化生产并面向中国市场销售。随后韩力对技术进行改良，在 2006 年 5 月 16 日申请了后来布局世界范围的新款 Jazz 即弃电子烟专利"一种雾化电子烟"，专利号为 CN201079011Y❶。并且随后在 2008 年，如烟公司宣布该品牌正式上市并销往海外。

在低温加热烟草制品方面，雷诺公司早在 20 世纪 80 年代开始致力于低温加热卷烟的研制，布局了相当数量的专利，尤其在 1991 年 6 月 28 日布局了一件专利

---

❶ 李保江. 全球电子烟市场发展、主要争议及政府管制［J］. 中国烟草学报，2014，20（4）：102.

US5285798A，该专利涉及一种烟草电化学加热系统，是低温加热卷烟非常重要的一件基础型专利，被引用次数多达 163 次。在该专利的基础上，美国雷诺在 20 世纪 90 年代在市场上推出 Eclipse 加热非燃烧设备。随着市场上逐渐出现商业化的尼古丁蒸发设备和低温加热卷烟的加热系统，电子烟和低温加热卷烟的市场前景开始变得明朗，专利布局的数量以及进入该领域的公司越来越多，为 21 世纪电子烟和低温加热卷烟的市场爆发提供了基础。

各大跨国烟草公司几乎无一例外地将战略重点转移到新型烟草制品领域。帝国烟草专注于电子烟的生产和销售，也一直关注并储备自己的低温加热烟草产品。菲莫国际更是提出了"设计一个无烟未来"的承诺，即用"无烟气产品"完全替代传统卷烟，并在 2017 年投入近 4 亿美元，用于意大利、希腊、德国的加热烟草制品工厂建设。英美烟草提出"向更安全的烟草制品转型升级"，自 2012 年累计投入 25 亿美元用于新型烟草产品的研发和投放，其电子烟产品在欧洲和美国市场具有较强的竞争力，低温加热烟草制品也紧随菲莫国际、日本烟草之后在日本上市。日本烟草虽然起步稍晚，但在低温加热烟草制品方面，正在努力追赶菲莫国际，并计划在未来 3 年投入 1000 亿日元，争取到 2020 年超过菲莫国际，实现其国内低温加热烟草制品市场占有率第一的目标。

6.4 主要跨国烟草公司介绍

许多传统烟草制造企业都是电子烟和低温加热卷烟产业的技术主导者和市场拥有方，本节重点介绍在新型烟草产业上市场竞争力强、技术先进的国际巨头菲莫国际、英美烟草、日本烟草、帝国烟草、美国雷诺、奥驰亚以及新型烟草的新贵企业 PAX 实验室的主要分公司、品牌以及相互之间的关系（例如收购、合作等），以及近年来国际烟草公司的并购行为，可以更好地理解现阶段国际烟草上重要市场竞争对手在商业和市场上的实力。

●菲利普·莫里斯国际公司（Philip Morris International Inc.，以下简称菲莫国际）

它是一家来自美国的全球化的香烟及烟草公司，目前是世界上规模最大的烟草企业之一，总部位于瑞士的洛桑。菲莫国际原是奥驰亚集团的下属公司。2008 年，奥驰亚集团为了更好地经营美国以外的市场，增强国际竞争力量，将菲莫国际分拆出去成为独立的运营实体，专门负责全球化市场（除美国以外）的开拓。截至 2017 年年底，企业员工总数 8.05 万人，比 2016 年增加约 1100 人。菲莫国际在全球 32 个国家和地区拥有 46 个工厂，产品销往 180 多个国家和地区。目前，菲莫国际的品牌包括"万宝路（Marlboro）""蓝星""切斯特菲尔德""菲莫""百乐门""邦德街"和"云雀"等。"万宝路"（Marlboro）占其 2017 年总销量的 35%，占除中国和美国以外 9.7% 的国际市场。

菲莫国际在全球的子公司包括以下几家：（1）PMFTC 成立于 2010 年，总部位于菲律宾马卡蒂市，是菲莫国际与福川烟草公司（Fortune Tobacco Corporation）各出资 50% 联合成立的一家合资企业，目前已占据菲律宾超过 90% 的市场份额，主要品牌包括"老板""骆驼""冠军""希望"等将近 20 个品牌；（2）Sampoerna 成立于 1913 年，总部位于印度尼西亚的泗水，是印度尼西亚最大的烟草公司之一，2005 年，菲莫国际通过收购（97.95% 股权）实现了对 Sampoerna 公司的控制，主要品牌包括"A Mild""A Flava""A Slims""Dji Sam Soe"以及"Sampoerna Kretek"等在内的 40 多个品牌；（3）Rothmans、Benson & Hedges 是加拿大烟草产品制造商，总部位于安大略省北约克，2008 年被菲莫国际收购，主要品牌包括"CravenA""Davidoff""Benson & Hedges"以及"Belmont"在内的 10 多个品牌；（4）Papastratos 成立于 1930 年，总部位于希腊港口城市比雷埃夫斯，目前是希腊规模最大的香烟制造商和销售商，此公司从 1975 年开始与菲莫国际合作，2003 年被菲莫国际收购，产品包括"Assos"和"Navy"等。

近年来，菲莫国际围绕打造"新一代减害产品"的战略目标，面向快速增长的新型烟草市场，致力于新型烟草产品的研发，在瑞士及新加坡建立了两个研发中心，超过 400 名科学家与工程师专注于研发有减害潜力的新型产品。2014 年菲莫国际推出低温加热卷烟"iQOS"。根据 MarketWatch 的报道，2016 年第四季度，菲莫国际来自亚洲的收入攀升了 21%，尤其是菲莫国际在日本市场推出的 iQOS 带来的销售贡献。菲莫国际预计，到 2025 年，其新型烟草制品销量将超过其烟草产品总销量的 30%。

- 英美烟草公司（British American Tobacco PLC，以下简称英美烟草）

它成立于 1902 年，总部位于伦敦。截至 2017 年年底，企业员工总数 5.5 万人，比 2016 年增加约 5200 人。在全球 42 个国家拥有 45 家工厂，产品销往全球 200 多个国家和地区。主要品牌包括："555""健牌""登喜路""总督""希尔顿""威豪""好彩"以及"太子"等。

目前，英美烟草在全球的子公司包括以下几家：① Tekel 成立于 1862 年，总部位于土耳其的伊斯坦布尔，是土耳其著名的烟草企业，2008 年被英美烟草收购；帝国烟草加拿大公司（Imperial Tobacco Company Canada）成立于 1908 年，是加拿大地区著名的香烟制造企业，属于英美烟草的子公司；② Bentoel Group 成立于 1930 年，总部位于印度尼西亚的雅加达和玛琅，是印度尼西亚范围内仅次于 Sampoerna 的第二大规模的烟草公司，2009 年，英美烟草收购了其 87% 的股份，主要产品包括 Biru、Enak、Manis、Sejati 等在内的数十个品牌；③ Souza Cruz 成立于 1903 年，总部位于巴西的里约热内卢，是巴西国内烟草市场上的领先企业，市场份额超过 60%；④ Niemeyer（Royal Theodorus Niemeyer Ltd.）成立于 1819 年，总部位于荷兰的格罗宁根，1990 年并入 Rothmans 国际公司，1999 年随着 Rothmans 与英美烟草合并，其称为英美烟草的子公司，主要产品包括 Samson、Dunhill 以及 Neptune 在内的数个品牌。

2017 年英美烟草提出产品"战略组合"概念，其中包含传统卷烟品牌以及"风险降低产品"（英美烟草称之为下一代产品）。英美烟草早在 2012 年即开始和雷诺美国烟草公司合作研发和销售风险降低产品，并为此投入了 25 亿美元。2016 年 12 月，英美烟草在日本推出了低温加热烟草制品"glo"。2017 年，英美烟草收购雷诺美国烟草公司 57.8% 的股份，从而拥有了其 100% 的股份。这一收购使英美烟草的品牌结构更全面，市场研发布局更合理，进一步扩大了在美国的市场份额。

- 日本烟草产业株式会社（Japan Tobacco Inc.，以下简称日本烟草）

它成立于 1985 年，总部位于日本东京，是日本最大的烟草制造企业，除烟草主业外，日本烟草的多元化业务还包括医药、食品等产业。截至 2017 年年底，企业员工总数 5.8 万人，拥有 37 家制造厂（含 31 家卷烟厂），其中 5 家在日本境内（4 家卷烟厂、1 家原料厂）。2017 年，日本烟草在国际市场销售卷烟 797 万箱，同比降低 0.1%，占其总销量的 81%；在日本国内销售卷烟 185.8 万箱，同比下降 8.7%。国际市场为日本烟草贡献了大约 60% 的利润。

日本烟草目前主要品牌包括："云斯顿""七星""骆驼""乐迪"等，拥有 127 款卷烟产品。按销量计算，"云斯顿"是除中国市场以外的全球第二大卷烟品牌，2017 年共销售 288.6 万箱，同比增加 3.5%。

日本烟草通过并购、研发等方式，积极推进全系列烟草制品发展战略和市场。2007 年，美国斯坦福大学的亚当·鲍文和詹姆斯·蒙瑟斯共同研制开发出一款具有创新性的产品——普鲁姆（Ploom），两人于 2007 年成立了普鲁姆公司。2010 年，普鲁姆公司推出了第一款产品 Ploom1。2011 年，日本烟草购买了普鲁姆公司的少数股份。2012 年，先后收购了比利时格里森细切烟丝公司和埃及纳哈拉斗烟公司，从而在法国、比利时、卢森堡、西班牙和葡萄牙等国家的手卷烟和自卷烟业务处于领先地位。2017 年 9 月，收购了菲律宾 Mighty 公司的烟草业务；2017 年 10 月，完成与印度尼西亚一家丁香烟公司及其分销商的股份转让，从而进一步拓展了东南亚市场；2017 年 11 月，从埃塞俄比亚政府手中收购了其国家烟草公司约 30% 的股份，从而拥有该公司 70% 的股份。

2017 年 6 月，日本烟草的新型烟草制品"Ploom TECH"在东京上市，并计划扩大其 Ploom TECH 的销售区域以及销售量。

• 帝国烟草公司（Imperial Tobacco，以下简称帝国烟草）

它成立于 1901 年，总部位于英国布里斯托尔，2016 年 2 月，公司名字改为帝国品牌。帝国烟草在全球设有 51 家生产工厂，截至 2017 年年底，帝国品牌员工总数 3.38 万人，比 2016 年减少约 1000 人。子公司包括 Fontem Ventures、ITG Brands、Tabacalera 以及 Logista，其中，帝国烟草主要负责全球卷烟业务，Fontem Ventures 负责非烟草产品，ITG Brands 负责美国卷烟市场，Tabacalera 负责雪茄业务，Logista 负责分销业务。主要品牌包括：大卫杜夫（Davidoff）""威仕（West）""高卢（Gauloises）""蒙特克里斯托（Montecristo）""L&B""金色弗吉尼亚（Golden Virginia）"等在内的多个品牌，卷烟产品销往 160 多个国家和地区。帝国烟草的电子烟产品"Blu"主要在美国和英国这两个全球最大的电子烟市场销售。

• 奥驰亚集团公司（Altria Group, Inc.，以下简称奥驰亚，2003 年由菲利普·莫里斯公司更名为奥驰亚）

它成立于 1985 年，总部位于美国弗吉尼亚州的亨利科县，是全球规模最大的烟草/香烟相关产品制造企业，属于菲利普·莫里斯美国公司（菲利普·莫里斯国际公司于 2008 年从奥驰亚中分拆出来）、约翰·米德尔顿公司以及美国无烟烟草公司的母公司。

• 美国雷诺烟草控股公司（Reynolds American Inc.，以下简称美国雷诺）

它成立于 1857 年，总部位于美国北卡罗来纳州的温斯顿 – 塞勒姆，2017 年 1 月被英美烟草以 494 亿美元的代价收购。旗下产品包括新港（Newport）、长红（PallMall）、肯特（Kent）、特威尔（Doral）以及卡碧（Capri）等多个品牌。

● 国际烟草公司分立并购

2012 年 4 月，美国第三大烟草公司罗瑞拉德（Lorillard）收购私人控股的电子烟公司 blueCigs，2013 年收购英国电子香烟制造商 SKYCIG。

2013 年 10 月 23 日，帝国烟草集团全资附属公司 Fontem Holdings 完成了收购叁龙国际公司（如烟集团于 2010 年 7 月更名为叁龙国际有限公司 Dragonite International）电子烟业务的知识产权。收购完成后于 2014 年 3 月 5 日对多家美国公司提起专利侵权诉讼，被控方包括：罗瑞拉德制造 blu 电子烟的子公司、NJOY、星火工业公司（Cig20）、Vapor 公司、FIN 品牌/胜利电子烟公司、CB 经销公司（21 世纪吸烟）、逻辑技术开发公司、VMR 产品公司（V2 卷烟、Vapor 定制公司）和巴兰坦品牌公司（Mistic）。

2014 年，奥驰亚公司收购电子烟制造商 Green Smoke。

2015 年 6 月，美国雷诺公司（Reynolds American）收购罗瑞拉德公司，并将旗下电子烟品牌 "Blu" 卖给帝国烟草公司。

2015 年 12 月 9 日，华宝国际宣布，以共 2295 万美元（约 1.788 亿港元），认购相当于美国 VMR Products 电子烟公司扩大后的股份 51%。华宝国际（00336. HK）是一家主要从事香精香料的公司，而美国企业 VMR Products 是一家独立从事设计、制造及分销电子烟的公司，也是一家采用垂直一体化业务模式的雾化产品公司，生产在中国深圳，采取的是 OEM 模式，市场主要在美国，VMR 公司与华宝的业务有着较强的互补性。

可以看到，分立和并购是永恒的主题。国内外烟草公司正纷纷通过收购、兼并、入股的方式进入新型烟草市场，不断抢占市场，收购优势技术。

第7章　新型烟草的全球专利竞争环境分析

7.1　专利申请趋势分析

从图 7-1 专利申请情况上看，1985~2017 年 8 月，电子烟和低温加热（或称为加热非燃烧）卷烟专利共计 10918 件，其中电子烟相关专利占比近 90%，是目前新型烟草市场的主要产品类型。低温加热卷烟占总量的 11%❶，从专利数量来看，市场上对低温加热卷烟的研发成果产出数量明显低于电子烟。以下集合表 7-1 的统计情况从专利申请的角度分别对电子烟和低温加热卷烟的产业发展趋势进行解读。

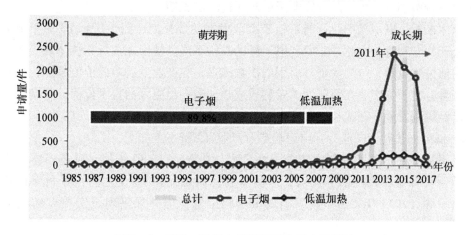

图 7-1　1985~2017 年新型烟草专利申请情况

数据来源：www.cnipr.com/totalpatent，截至 2017 年 8 月。

表 7-1　专利在产业发展各阶段特征　　　　　　　　　单位：件

	产业阶段	平均同族	平均引证	平均被引证	平均增速
电子烟	萌芽期	2.1	5.5	9.2	26.5%
	成长期	1.4	2.8	1.2	57.4%
	产业阶段	平均同族	平均引证	平均被引证	平均增速
低温加热卷烟	1985~2010 年	6.1	14.7	14.1	135.5%
	2011 年后	2.7	3.3	0.8	159.6%

数据来源：www.cnipr.com/totalpatent，截至 2017 年 8 月。

---

❶　总计 10918 件专利中，有 136 件专利属于电子烟/低温加热卷烟技术，约占总量的 1%，在进行申请数量统计分析时，将其在电子烟和低温加热卷烟类型中分别统计一次，因此两项技术比例之和大于 100%。

1. 电子烟产业专利申请趋势及产业发展定位

第一次出现真正意义上的电子烟技术的 20 世纪 30 年代到现代意义上的电子烟技术出现的 20 世纪 70 年代之间的将近 50 年内，人们难以对未知事物轻易地接受，市场认可度极低，因此这一阶段反映在专利申请数量上也是极低的。进入 80~90 年代，随着烟草巨头的纷纷进入，有着技术基础和强大的经济依托，这一阶段电子烟的专利申请开始逐渐增多。1985~2010 年，此阶段申请量占电子烟总量的 11%，年均申请量 40.6 项，专利申请平均增速为 26.5%，平均专利被引证数为 9.2 项。在 2010 年之前的阶段，电子烟产业专利申请活跃度较低，应为整个产业发展的萌芽期。

2011 年以后，此阶段是电子烟产业发展的活跃期，申请量快速上升，专利平均增速为 57.4%❶，较萌芽期发展速度提高了一倍。年均申请量高达 1427 项，平均专利被引证数为 1.2 项。根据《2016 年世界烟草发展报告》，2013 年全球电子烟市场为 10 亿美元，2016 年全球电子烟市场约为 100 亿美元❷，中国企业大多是在 2011 年前后开始积极投身新型烟草市场，此阶段电子烟产业进入成长期。

总体来看，电子烟产业目前正处于产业发展的成长期，图中所示 2017 年申请量仅为已公开的专利量，因此并非专利申请量的真正下降。被引证数量往往体现了专利在产业中的地位和价值，一件专利被引用的次数越多，在产业发展中的价值越高，从目前的情况来看，电子烟产业在萌芽期的专利较成长期表现出更大的技术价值，基础技术在萌芽期已经得到发展，在成长期没有出现技术上的突变。

2. 低温加热卷烟产业专利申请趋势及产业发展定位

低温加热卷烟技术的产生较电子烟更晚，在 20 世纪 80 年代，以美国雷诺为代表的烟草巨头开始在该技术上投入，产出专利，但是在 2012 年之前，专利申请整体趋势较为平缓，2013 年之后申请量出现了小幅上涨，但并未呈现出实质性的趋势变化特点。

值得注意的是，低温加热卷烟在 1985~2011 年的相关专利在平均布局国家数、平均引证数和平均被引证数 3 方面均高于同时期电子烟相关专利对应的数值，说明各申请人对低温加热卷烟正进行持续而积极的技术研发，尤其从平均布局国家数来看，申请人更注重低温加热卷烟的全球化布局。

低温加热烟草制品作为替烟减害产品，配合使用由烟草或烟草提取物经过特殊加工制成的烟支，与电子烟产品相比，加热不燃烧烟草产品在模拟可燃卷烟吸用体验上更胜一筹，使用体验最接近传统卷烟，有相较于传统卷烟和电子烟的明显优势。近年来众多烟草制造企业、研究机构都在重金投入这一领域，并收获颇丰，极有可能成为传统烟草产品的真正的下一代产品，而这个市场将是个无可估量的超级市场。2017 年，日本低温加热烟草制品市场开始出现爆发式发展。可以预测，为了抢占市场份额，该领域竞争

---

❶ 由于专利申请滞后的特点，2017 年专利数据缺失较多，因此在计算增长情况时未统计该年数据。

❷ 中泰证券. 电子烟行业报告：墙内开花墙外香、发展迅速的快消品 [DB/OL]. http://www. tobaccochina. com/dianziyan/20177/201775174125_754205. shtml.

将会进一步加剧，目前低温加热卷烟专利数量及申请活跃度不及电子烟，存在研发瓶颈，并非研发热情低所致。

通过激烈的市场竞争、并购信息以及专利申请所反映出的产业技术和市场情况可以看出，整个新型烟草市场目前处于一个飞速发展阶段，市场竞争日趋激烈，国内外烟草公司纷纷进入这一市场，相关产品层出不穷，市场发展已经进入快速成长阶段。在技术上，当前新型烟草中的电子烟技术已经处于成长期，基础核心技术已经形成，新进改进技术不断产出，而低温加热卷烟市场表现出良好的发展前景，但产品基础核心技术还没有完全建立，目前技术发展还不如电子烟成熟。

7.2　技术输出国分析

专利申请的输出国数据能够映射出不同国家/地区的技术实力。此节中通过对新型烟草专利的来源地信息进行分析，让读者更好地了解到此领域技术的分布情况，以便在自身的研发过程中更有效地实施相应的专利策略。

从新型烟草技术的主要输出构成图（见图7-2）可以看出，来自中国地区的技术"一骑绝尘"，专利技术产出数量达到了7028项，几乎是其他所有国家/地区专利产出数量总和的1.8倍，美国、欧洲以及韩国等国家/组织，在新型烟草领域的技术产出数量分别为1445项、430项以及421项。从7.1节的内容分析可知，现阶段新型烟草技术构成中，电子烟所占的比例最大，而现代电子烟公认的发明人是来自中国的韩力，所以中国地区在电子烟的研发上起步更早，研发实力也更为突出。

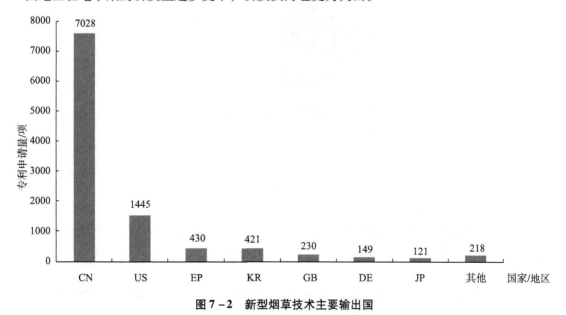

图7-2　新型烟草技术主要输出国

数据来源：www.cnipr.com/totalpatent，截至2017年8月。

7.3 专利地域布局分析

专利的地域布局特征主要反映此领域中技术在不同国家/地区的市场发展规模。此部分描述了新型烟草技术在目标国家/地区的占比情况，让读者从市场角度梳理出此领域的地域分布特点。

从新型烟草技术的主要输出构成图（见图7-3）可以看出，此领域技术专利在中国地区的布局最多，占比几乎为全部布局区域的一半，数量达到了8724件，说明中国在新型烟草相关行业的市场潜力巨大，这一方面得益于国内政策环境对于电子烟等新型烟草的约束较少，市场发展环境更宽松；另一方面由于中国是新型烟草重要的技术输出地区，从专利布局的容易程度及成本角度看，申请人在本国布局专利的数量通常会更高。

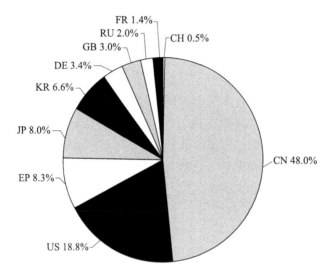

图7-3 新型烟草技术主要布局地域

数据来源：www.cnipr.com/totalpatent，截至2017年8月。

7.4 申请人排序

本节主要对新型烟草领域在全球的主要申请人进行分析，筛选指标主要涉及各自在此领域的专利申请数量。为了对比方便，本书从国内申请人和国际申请人两个方面进行分析。

图7-4是新型烟草领域主要中国申请人的分布图。从专利申请的数量角度看，刘秋明的优势较明显，有1380项的专利产出是与新型烟草相关的，数量比排名第2~6位的总和还要多。

刘秋明是惠州市吉瑞科技有限公司的董事长，该公司2006年成立于惠州，是世界最大的电子烟生产基地，国内电子烟生产的领军企业，于2014年11月14日

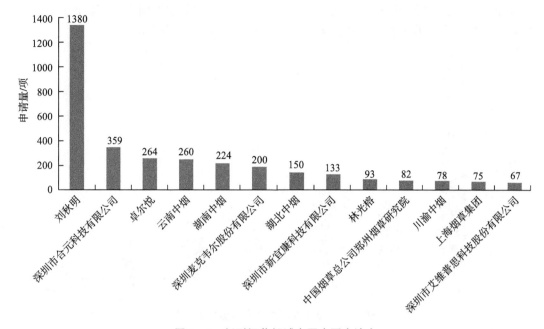

图 7 - 4　新型烟草领域主要中国申请人

数据来源：www.cnipr.com/totalpatent，截至 2017 年 8 月。

向美国证券交易委员会（SEC）提交 IPO 招股书，拟筹集最多 1.25 亿美元，该公司的主要营业收入在美国。吉瑞科技自 2009 年申请第一件 PCT 专利以来，在电子烟产业布局了大量的专利，涵盖电子烟技术的方方面面，体现了其在电子烟领域的技术优势。

深圳市合元科技有限公司成立于 2004 年，在全球电子烟制造领域占据非常重要的地位。从规模上看，其拥有 10000 多名员工，设有 3 个电子烟制造工厂，总占地面积达 120000 多平方米，生产制造车间达到 LEAN 无尘化要求并通过了 HAC-CP、GMP、ISO9001 - 2008 以及 ISO13485 认证；从产品角度看，公司电子烟品种包括一次性烟和电子烟套装、电子雪茄、电子烟斗及电子雾化器等；从技术团队角度看，公司拥有专业的产品研发中心以及超过 200 人的技术团队；具体到新型烟草的技术类型，此公司目前产出的 359 项专利中有 312 项是电子烟领域，几乎达到总产出量的 86.9%。

卓尔悦在新型烟草领域目前共产出了 264 项专利技术，绝大多数是以电阻加热雾化技术为支撑的电子烟产品。卓尔悦作为全球领先的微电子研发和制造型企业，目前已为全球 30 多个国家/地区提供了有关电子烟研发、应用和 OEM 加工服务，产品涉及电子烟雾化器及其零部件等。

图 7 - 5 是新型烟草领域主要国外申请人的分布图。目前菲莫国际、奥驰亚以及美国雷诺等 3 个申请人在新型烟草领域产出的专利技术较多，其中菲莫国际的数量优势最为明显，其产出的专利技术总量达到了 379 项，几乎是排名第 2 ~ 4 位专利产出量的总和。从新型烟草涵盖的产品类型看，国外申请人的技术研发广度更宽，例如菲莫国际、

美国雷诺和英美烟草等申请人的技术均在电子烟和低温加热卷烟两方面有所反映，而国内申请人的技术涉及面相对较窄，主要的研发精力放在了电子烟领域。

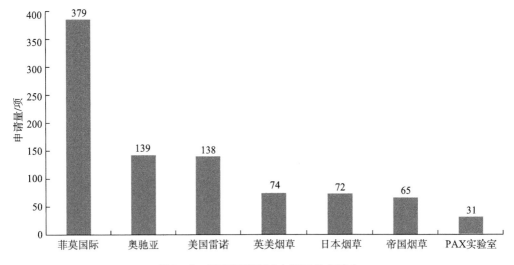

图 7 - 5 新型烟草领域主要国外申请人

数据来源：www. cnipr. com/totalpatent，截至 2017 年 8 月。

第 8 章　新型烟草在中国专利竞争环境分析

本节主要对新型烟草领域在中国的竞争环境进行分析，内容涵盖新型烟草在本区域内的类型构成、主要的申请人信息等，以期让读者更好地了解本区域内技术构成特点和研发配置情况。

8.1　新型烟草类型构成占比

本部分对中国区域内新型烟草的类型进行了分析，以便让读者明晰此区域的技术组成，从而更有针对性地进行技术改进策略的制定和修正。

图 8 - 1 是中国区域新型烟草类型构成占比图。从图中可以看出，电子烟领域相关的专利产出占比优势非常明显，达到 91% 的份额，产出数量达到了 6317 项；而低温加热卷烟技术相关的专利仅产出 623 项，不足电子烟领域的 1/10。造成这种情况的部分原因在于低温加热卷烟需要烟草烟丝，而烟草在中国区域内是实行专卖管理的，因此技术研发应用条件相对于电子烟领域有更多的限制。

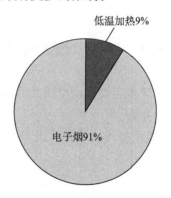

图 8 - 1　中国区域新型烟草类型占比

数据来源：www. cnipr. com/totalpatent，截至 2017 年 8 月。

8.2　国外申请人排序

本部分内容对新型烟草中国区域内主要国外申请人的情况进行了整理和分析，使读者能从申请人的角度理清技术的分布特点。

图 8 - 2 是新型烟草中国区域主要国外申请人的分布图。从图中可以看出，菲莫国际处于"一枝独秀"的地位，其在中国的专利产出量达到了 188 项，数量几乎是排名第 2 位美国雷诺的 4.4 倍。另外，美国雷诺、英美烟草、奥驰亚以及日本烟草分列第 2~5 位，但它们在专利产出上的差异不大，平均的产出数量达到了 38.5 项，远远低于菲莫国际在专利上的规模。

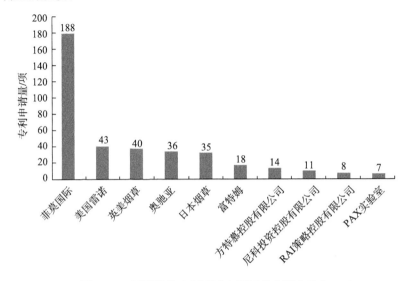

图 8 - 2　新型烟草中国区域主要国外申请人分布

数据来源：www. cnipr. com/totalpatent，截至 2017 年 8 月。

8.3　国内申请人排序

本部分内容对新型烟草中国区域主要国内申请人的情况进行了整理和分析，使读者能从申请人的角度理清技术的分布特点。

图 8 - 3 是新型烟草中国区域主要国内申请人的分布图。从图中可以看出，专利产

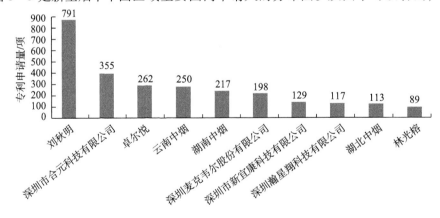

图 8 - 3　新型烟草中国区域主要国内申请人分布

数据来源：www. cnipr. com/totalpatent，截至 2017 年 8 月。

出数量占前 6 位的申请人与本书前面章节中新型烟草全球中国申请人相同。对比来看，刘秋明的专利策略在地域选择上较为平均，而其他申请人还是主要在中国本土进行专利技术布局。

第9章 电子烟技术分析

9.1 总体发展趋势分析

本部分内容通过对电子烟领域中的技术产出的总体趋势进行分析和研究，更直观地了解到此领域的专利技术的发展趋势，以期更主动地把握此技术领域的研发动态，为进一步进行自身研发提供更详尽的技术背景支撑。

虽然早在20世纪初，涉及电子烟的技术和相关专利就开始有所产出，但是早期市场需求不足，导致技术发展并不迅速。电子烟真正的技术发展时期是20世纪80年代左右。由于我国专利制度开始于1985年，因此以1985年作为专利统计的时间起点。

截至2017年8月31日，全球范围内电子烟领域专利申请总量共计7202项。

从数量组成上看，来源于国外、国内技术的电子烟专利分别为3180项和4022项，可见在研发实力上，国内、外并未出现显著差距，如图9-1所示。

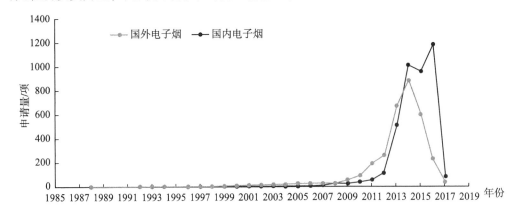

图9-1 电子烟专利技术产出总体趋势❶

数据来源：www. cnipr. com/totalpatent，截至2017年8月。

● 国外电子烟专利申请情况

从专利申请趋势来看，国外从1988年起就逐渐出现了较多的电子烟领域相关的专利技术布局，时间远早于国内开始布局的2003年，但绝对申请量不高，在1988～2002之间的15年里，其年均申请数量仅为5项，年均增长率为33%，可见国外虽然在研发

---

❶ 早期的专利数据由于技术较为陈旧且已经超过专利最长的20年保护期，利用价值和技术壁垒作用已经较弱，且这一部分的数据量也偏少，因此，此处选取2000年之后公开的数据进行专利布局、功效矩阵等重点内容的分析，此部分数据量共8363项，是此部分讨论分析的基础数据。

上起步较早，但研究并未得到很明显的发展，专利申请较为活跃的申请人为菲莫国际、美国雷诺以及日本烟草，三者的总申请量占据此阶段总专利申请量的 1/3 左右。

2003～2012 年，国外在电子烟上的技术创新活跃度继续提升，各年度的申请量虽有些许起伏，但连续性较好，基本上处于逐年增长的状态，预示业界对此技术的研发已步入常态化，年均专利申请数量提高到 71.3 项。

2013～2017 年 8 月，专利申请数量较上一阶段更高，年均申请量达到 482.4 项，几乎是上一阶段的 6.8 倍，研发和创新热情高涨，此阶段主要的申请人是 PAX 实验室、奥驰亚、帝国烟草、日本烟草、美国雷诺、英美烟草以及菲莫国际等，值得一提的是，中国申请人刘秋明的研发同样表现抢眼，其专利布局量几乎占了此阶段总申请量的 29%，布局地区涵盖欧洲、美国等国家和地区。

• 国内电子烟专利申请情况

国内在电子烟领域的专利申请趋势与国外大体类似，2003 年起，伴随着中国发明人韩力在此技术领域颇具革命性的贡献，国内开始在电子烟领域出现相关研究并进行专利布局。

2003～2007 年，专利平均申请量仅为 4 项，业界还处于相对探索阶段，主要的申请人是韩力，另外国际烟草巨头帝国烟草也开始重视中国市场。

2008～2012 年，创新热情继续进一步提升，年均专利申请量达到 53.6 项，主要的专利布局者是韩力、刘秋明以及云南中烟，三者总的申请量达到此阶段申请总量的将近 20%。

2013～2017 年 8 月，国内在电子烟领域也迎来了发展的高峰，技术发展逐渐趋向于多样化和快速化，技术创新的活跃度空前高涨，很多新的申请人也开始在此领域进行技术的专利布局，此阶段专利的绝对申请量明显提升，年均申请量达到 912.3 项，几乎是上一阶段平均申请量的 17 倍，年均专利增长率也提升到 115%，此阶段主要的专利申请人是烟草工业企业，其中上海烟草集团、湖南中烟以及云南中烟的技术团队的总申请量几乎占到此阶段全部申请量的 31%。

9.2 技术构成分析

雾化器是电子烟组成结构中最为核心的部分，其性能直接影响着电子烟整体的雾化效率以及后续气溶胶的特性。而雾化方式是为了考量雾化器运行方式而特别设置的指标，主要从其工作原理特征出发进行分析。

电子烟根据雾化方式特点可以分为电阻加热雾化方式、压电超声雾化方式、喷射雾化方式和电磁感应加热雾化方式 4 种类型。从图 9-2 中的电子烟雾化方式技术构成及产出趋势可以看出，专利申请数量最大的是电阻加热雾化方式，达到了 3497 项，几乎占据了此技术领域申请总数量的 92.9%，其次是超声雾化方式和电磁感应加热雾化方式，分别占了 3.7% 和 2.3% 的份额，喷射雾化方式的数量最少，专利申请量占比约为 1.1%。

• 电阻加热雾化

电阻加热雾化是借助电阻丝直接加热烟液从而实现进一步地雾化，这种方式是目前

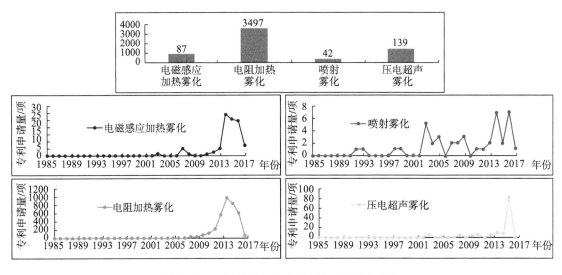

图 9 - 2　电子烟雾化方式技术构成及产出趋势

数据来源：www.cnipr.com/totalpatent，截至 2017 年 8 月。

电子烟雾化领域发展最为成熟的形式，在应用成本极其低廉、制作工艺简单、大规模生产容易实现等众多利好因素的驱动下，电阻加热雾化技术分支获得巨大的发展。20 世纪 90 年代中期之前，在电子烟技术整体发展缓慢的前提下，电阻加热雾化方式并未获得发明人的青睐，10 年间仅有 2 项相关专利技术产出；而从 1996 年开始到 21 世纪 10 年代初期，对此种雾化方式的创新逐渐流行，相应地，专利产出数量呈现出平稳的态势，连续性好，但绝对量不高，年平均产出量不到 11 项，这段时间可谓是其技术发展的成长期；2011 年至今，应用此种方式进行雾化技术研发的活跃度空前高涨，年均专利申请数量达到 476 项，几乎为上一阶段的 43 倍，迎来技术的快速增长期，包括菲莫国际、美国雷诺等在内的众多国际烟草巨头们都积极投入创新的行列，形成了一系列核心技术专利（例如电阻丝围绕玻璃纤维棉进行传热雾化的技术）。

●压电超声雾化

压电超声雾化是将脉冲电信号有效施加到压电陶瓷上，然后用产生的声波振动实现液体的雾状液滴化，特点是雾化量更大，运行时的工作温度也相对较低，从而更大程度地降低电子烟中有害物质的释放。此种雾化技术形式主要从 21 世纪初开始得到发展，很大程度上是由现代电子烟的发明者韩力所推动的，他在其 2003 年公开专利中主要采用了压电超声组件将含有纯化尼古丁的烟液进行蒸发的技术方案。不过，从 2003 ~ 2013 年的 10 年间，对这种雾化方式的创新始终处于"不温不火"的状态，虽然连续性较好，但绝对量不高，年均专利产出数量仅为 3 项；2014 年至今，这种雾化方式重新获得企业的青睐，专利布局力度开始加强，年均专利产出量提高到 34 项，尤其是 2016 年，有 82 项相关技术专利产出，申请人主要涉及湖南中烟、云南中烟等烟草工业技术团队。值得一提的是，湖南中烟在此领域中有 58 项专利技术产出，几乎占据 2016 年全部产出量的 70.7%。

9.3　技术活跃度分析

技术活跃度分析反映了在某一特定的时间段内重点技术分支申请的专利布局特点，可以清楚地了解在具体时间段的技术研发方向特点，了解重点技术发展所处阶段，为参与技术竞争和交流、拓展研究领域、扩大市场空间提供一定的参考价值。

本节以最近 5 年时间为限，考察了在电子烟雾化技术所涵盖的 4 种雾化方式上的专利布局情况以及近 5 年专利产出数量在各自总体数量中的占比，如图 9 - 3 所示。

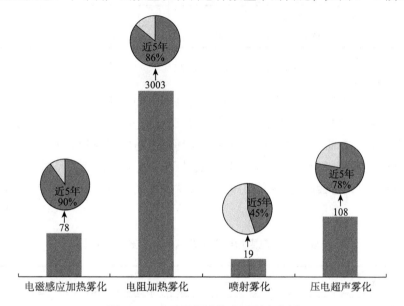

图 9 - 3　电子烟领域技术活跃度分析

数据来源：www. cnipr. com/totalpatent，截至 2017 年 8 月。

从专利产出数量角度看，在最近的 5 年中，电阻加热雾化依然是本领域最受关注的方式，涉及超过 3000 项的产出专利，几乎是其他 3 种类型专利产出数量总和的 15 倍，其次是压电超声雾化和电磁感应加热雾化，而对喷射雾化方式进行研发的技术方案不到 20 项，并不属于研究热点。从专利产出占比角度看，此领域在近 5 年中对电阻加热、电磁感应加热以及压电超声 3 种雾化方式的产出占比都超过了 70%，可见这 3 种方式的技术创新连续性较好，而喷射雾化方式在近 5 年中的占比低于 50%，创新活跃性有降低的趋势，相对来说业界对此种方式的研发力度远不及其他 3 类。

9.4　功效矩阵分析

本节对电子烟领域中的技术功效矩阵进行了统计和整理，具体涵盖电子烟中主要分支（指的是雾化技术所涵盖的 4 种雾化方式：电阻加热雾化、电磁感应加热雾化、喷射雾化、压电超声雾化，见表 9 - 1）的技术效果，以及各分支下主要技术类型（包括储

油、导油、雾化材料、雾化结构、雾化检测、雾化器位置以及智能化等，见表 9 - 2）●
的技术效果两部分内容。

表 9 - 1　电子烟领域技术分支功效矩阵　　　　　　　　　　单位：项

技术分支	效果						
	安全	便捷	健康	节能环保	提高效率	延长寿命	用户体验
电磁感应加热雾化	19	4	5	3	23	5	20
电阻加热雾化	865	249	147	69	267	29	999
喷射雾化	4	5	4	2	1		17
压电超声雾化	23	3	11	2	9	4	71

数据来源：www. cnipr. com/totalpatent，截至 2017 年 8 月。

首先，从电子烟领域技术分支功效矩阵的分析可知，用户体验以及安全是目前电子
烟技术改进的主要方向，平均的专利技术产出量多达 252.2 项左右，其次，在提高效
率、便捷以及健康方面，而在延长寿命和节能环保方面的研究相对来说较少，平均的专
利技术产出量仅为 16.3 项，鉴于电子烟所要达到的最主要目标就是最大限度地接近传
统烟草的口感，所以涵盖口感意义的用户体验就成了当前电子烟技术创新中最为重要的
效果。

表 9 - 2　电阻加热雾化领域技术分支功效矩阵　　　　　　　单位：项

技术分支	效果						
	安全	便捷	健康	节能环保	提高效率	延长寿命	用户体验
储油	37	3	2	2	23	1	40
导油	14	3	3	5	19		24
雾化材料	23	1	4	5	22		31
雾化检测	19		1	2	6	1	15
雾化结构	371	84	89	30	122	7	387
雾化器位置	118	44	6	5	17	1	100
智能化	6	1	2		3		32

数据来源：www. cnipr. com/totalpatent，截至 2017 年 8 月。

首先，从电磁感应加热雾化的功效矩阵图上看，该技术在创新上的通用性较广，每
个分支上都有相应的投入，而储油、雾化结构以及雾化器位置 3 方面涉及的专利产出更
多，其中在储油方面的改进主要涵盖储油装置的结构方案（例如储油腔、储油舱、储油
室、注油口）、密封方案（例如烟油锁存件、密封圈、密封环、弹性密封、阻隔件、限
位机构）以及安装方案（例如储油部件的可拆卸式设计、多储油室）等内容，在雾化

● 在功效矩阵分析中，存在部分文献无法明确得出功效或功效不属于列举类型的情况，也存在一篇文献同时
具有多个功效的情况，因此，功效矩阵图中的文献数据总量与电子烟总文献数量并不等同。

结构方面的改进主要涉及电阻加热装置形状方案（例如加热丝、加热盘、加热线圈、发热网、发热膜等）、结构方案（例如电阻加热装置包绕吸油部件、电阻加热装置与烟弹耦合等）内容；其次，从效果方面看，储油、雾化结构以及雾化器位置 3 个方面更为均衡，在各个效果上均有涉及，但之间的数量差距明显，主要集中在用户体验和安全上，而对于延长寿命效果的改进很少，平均的专利技术产出数量仅 3 项左右。

首先，从电磁感应加热雾化的功效矩阵图上看，雾化结构、雾化器位置以及雾化材料方面涉及的专利产出较多，而雾化检测方面暂时未发现相关的专利；其次，从效果方面看，效果改进分布较为分散，主要集中在提高效率、用户体验以及安全 3 方面的效果改进上，而便捷、健康以及节能环保方面的技术研发驱动性较低，见表 9 - 3。

表 9 - 3　电磁感应加热雾化领域技术分支功效矩阵　　　　单位：项

技术分支	效果						
	安全	便捷	健康	节能环保	提高效率	延长寿命	用户体验
储油		1			2		1
导油	2				1		
雾化材料	4			1	1		1
雾化结构	7	1	2	1	12	2	5
雾化器位置	4	2		1	4	3	7
智能化	1				1		2

数据来源：www. cnipr. com/totalpatent，截至 2017 年 8 月。

首先，从喷射雾化领域的功效矩阵图上看，该技术暂时只在雾化结构、雾化器位置以及储油 3 方面进行了专利产出，其中在雾化结构方面的改进主要涉及形状方案（例如多孔膜等多孔介质）、结构方案（例如毛细管、文丘里管、针状支撑体等）等内容；其次，从效果方面看，用户体验、便捷是技术创新更为关注的方面，而暂时并未发现针对提高效率和延长寿命两方面效果进行研发的专利产出，见表 9 - 4。

表 9 - 4　喷射雾化领域技术分支功效矩阵　　　　单位：项

技术分支	效果				
	安全	便捷	健康	节能环保	用户体验
储油		1			
雾化结构	4	3	3		11
雾化器位置		1		1	3

数据来源：www. cnipr. com/totalpatent，截至 2017 年 8 月。

首先，从压电超声雾化领域的功效矩阵图上看，此技术只在雾化器位置、雾化结构、导油以及智能化 4 个方面进行了专利产出，而储油、雾化材料以及雾化检测等分支暂时未发现相关的专利技术；其次，从效果方面看，针对用户体验和安全两方面的效果进行技术研发的专利较多，平均专利产出数量达到了 15 项，而针对节能环保效果进行改进的专利较少，见表 9 - 5。

表9-5 压电超声雾化领域技术分支功效矩阵 单位：项

技术分支	效果						
	安全	便捷	健康	节能环保	提高效率	延长寿命	用户体验
导油		1			2		5
雾化结构	5	2	6	2	2	3	26
雾化器位置	18	2	2		4		35
智能化							1

数据来源：www.cnipr.com/totalpatent，截至2017年8月。

9.5 电子烟重点专利解读

本节借助建立合理的重点专利评价指标体系，对电子烟和低温加热卷烟技术领域的专利进行评估，从而科学、全面地选出重点专利，以便能更有效地掌握本技术领域研发过程中重点参考的技术方案。

核心重点专利是一个企业的技术发展命脉，也是其他企业参考优势企业进行技术发展的基础，了解了核心重点专利，对企业的技术研发有着重要的意义。重点专利策略的提出，不论是对于梳理技术领域的重点发展的专利技术、了解重点专利技术的申请人，还是对于研究该领域中重要申请人之间的技术关联，都具有积极的意义。

鉴于专利文献更多体现的是技术特征，本节主要从专利的技术表征指标出发来构建重点专利评价体系，并通过指标的重要程度赋予一定的权重加权值，最终根据分数的高低筛选出重点专利。具体筛选指标和筛查公式设置如下：

（1）专利被引证数量：指的是某项专利文献在首次公开之后，被后续专利文献作为技术参考所引用的总次数。在专利信息分析中，一篇专利文献被引证的次数越多，表明其对该领域的技术发展越具有影响力，也就越显重要，分析的价值也就越高。

（2）专利引用数量：此指标表征此项专利在研究过程中参考其他技术的数量，引证数量多，显示该专利更多地参考前人经验，具有更高的专利稳定性。

（3）专利同族数量：专利族（同族数量）指具有共同优先权的在不同国家或国际专利组织中多次申请、多次公布或批准的内容相同或基本相同的一组专利文献，而一个专利族的同族专利数量越多，说明持有该项专利有获得高报酬或是能扩大市场规模的潜在性，故而对专利权人凸显出的重要性就越高，对整个技术脉络的传承和发展的参考价值也就越大。

筛查公式为：

专利评分 = 被引证数量×0.7 + 引用数量×0.2 + 同族专利数量×0.1。

其中，公式中的权重系数即是根据各指标在技术上的重要程度赋予了不同的权重值，所有权重值总和为1。

根据前面内容提出的重点专利筛查公式，本节对电子烟领域雾化技术所涉及的四种雾化形式的重点专利进行了筛选和整理，并进一步将重点专利进行了摘录，更清晰地理解重点专利中蕴含的技术信息，从而更有效地把握不同技术的改进重点。

9.5.1　电阻加热雾化

根据上述重点专利的筛查公式，将分数最高的 5 项专利进行了整理，见表 9 - 6。

表 9 - 6　电阻加热雾化重点专利列表

序号	公开（公告）号	重点专利评价指标【权重】			专利评分
		被引证数量【0.7】	引用数量【0.2】	同族专利数量【0.1】	
1	US8997753B2	12	649	1	138.3
2	US9095175B2	5	552	3	114.2
3	US9549573B2	4	490	1	100.9
4	US8375957B2	86	162	1	92.7
5	US20100031968A1	124	4	2	87.8

具体针对这 5 项电阻加热雾化技术领域重点专利的详细信息进行了摘录，见表9 - 7。

表 9 - 7　电阻加热雾化重点专利技术信息整理

专利 1：US8997753B2		
基本信息	专利权人	奥驰亚
	公开日	2015 - 04 - 07
	优先权号	US13756067
	法律状态	有效
专利主要技术点	含有液体材料的液体供应部、可操作用于加热液体材料至足以蒸发液体材料并形成喷雾的温度的加热器、与液体材料连通且与加热器连接以便向加热器传递液体材料的芯子、可操作用于向加热器上游的中心空气通道传递空气的至少一个进气口，以及具有至少两个分散的出口通道的吸嘴端插入件	
附图		

专利2：US9095175B2		
基本信息	专利权人	美国雷诺
	公开日	2015 – 08 – 04
	优先权号	US12780876
	法律状态	有效
专利主要技术点	烟弹位于电子烟远端，通过雾化芯传输待雾化烟液	
附图		

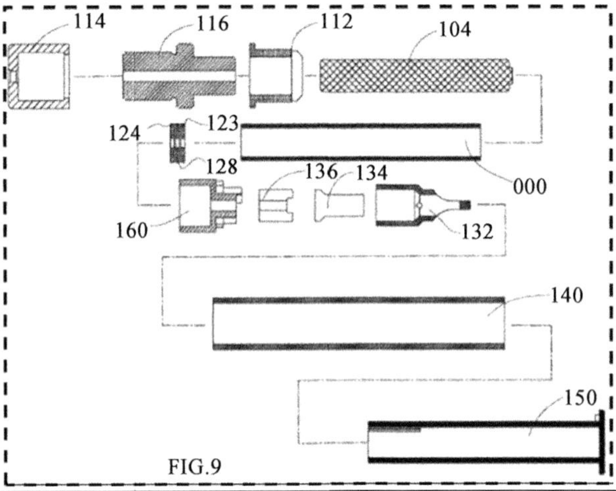

FIG.9

专利3：US9549573B2		
基本信息	专利权人	PAX 实验室
	公开日	2017 – 01 – 24
	优先权号	US15053927
	法律状态	有效
专利主要技术点	运行期间，通过改变电阻值来控制功率大小。通过雾化芯直接连接电阻加热装置，雾化芯从烟弹中引导雾化材料，接触片从电阻加热装置延伸，并在烟弹插入雾化设备的时候，接触片在烟弹末端的外部折叠	
附图	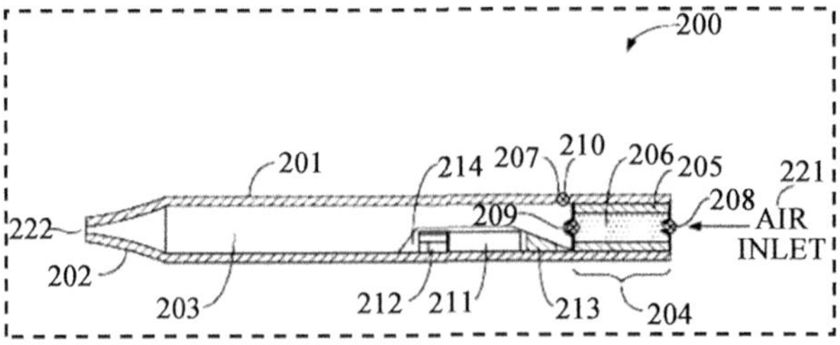	

专利 4：US8375957B2		
基本信息	专利权人	韩力
	公开日	2013 - 02 - 19
	优先权号	US12226819
	法律状态	有效
专利主要技术点	电子吸入装置的电池组件一端设有外螺纹电极，雾化器组件的一端设有内螺纹电极，两者通过螺纹电极相连接，烟瓶组件插接在雾化器组件的另一端，共同构成整体结构	
附图		

专利 5：US20100031968A1		
基本信息	专利权人	XL DISTRIBUTORS Ltd
	公开日	2010 - 02 - 11
	优先权号	GB0813686
	法律状态	有效
专利主要技术点	电子烟设备包括烟弹和加热部件，两者通过加热部件中的线圈直接与烟弹连接	
附图		

9.5.2　电磁感应加热雾化

根据上述重点专利的筛查公式，将分数最高的 5 项专利进行了整理，见表 9 - 8。

表 9 - 8　电磁感应加热雾化重点专利列表

序号	公开（公告）号	重点专利评价指标【权重】			专利评分
		被引证数量【0.7】	引用数量【0.2】	同族专利数量【0.1】	
1	CN101390659A	27	0	1	19
2	US20150320116A1	12	16	1	11.7

续表

序号	公开（公告）号	重点专利评价指标【权重】			专利评分
		被引证数量【0.7】	引用数量【0.2】	同族专利数量【0.1】	
3	CN202525085U	13	0	1	9.2
4	CN105307525A	0	10	20	4
5	CN104382238A	2	11	1	3.7

具体针对这 5 项电磁感应加热雾化技术领域重点专利的详细信息进行了摘录，见表 9 – 9。

表 9 – 9   电磁感应加热雾化重点专利技术信息整理

专利 1：CN101390659A		
基本信息	专利权人	北京格林世界科技发展有限公司
	公开日	2009 – 03 – 25
	优先权号	CN200710121849
	法律状态	有效
专利主要技术点	高频发生器通过导线分别与磁致伸缩振动器、电磁感应加热器和气动开关相连接；在外壳的前端设置有一只发光二极管，其通过导线分别与气动开关以及电源相连接；外壳的后端与烟弹相连接，且在烟弹内设有烟液腔	
附图		

专利 2：US20150320116A1		
基本信息	专利权人	Loto Labs
	公开日	2015 – 11 – 12
	优先权号	US14710136
	法律状态	有效
专利主要技术点	雾化装置含有烟弹和与烟弹相连接的雾化芯组件，雾化芯组件与烟弹中的雾化材料接触，电磁感应组件与雾化芯组件连接	

续表

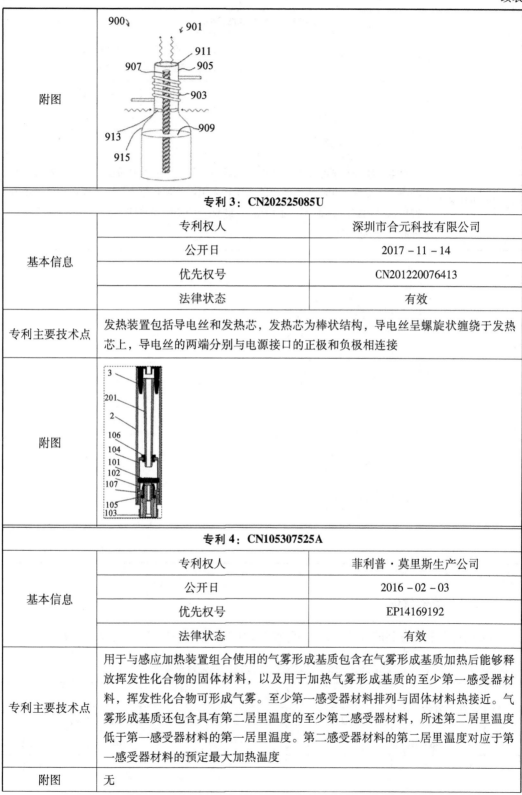

附图	

专利3：CN202525085U		
基本信息	专利权人	深圳市合元科技有限公司
	公开日	2017 - 11 - 14
	优先权号	CN201220076413
	法律状态	有效
专利主要技术点	发热装置包括导电丝和发热芯，发热芯为棒状结构，导电丝呈螺旋状缠绕于发热芯上，导电丝的两端分别与电源接口的正极和负极相连接	

专利4：CN105307525A		
基本信息	专利权人	菲利普·莫里斯生产公司
	公开日	2016 - 02 - 03
	优先权号	EP14169192
	法律状态	有效
专利主要技术点	用于与感应加热装置组合使用的气雾形成基质包含在气雾形成基质加热后能够释放挥发性化合物的固体材料，以及用于加热气雾形成基质的至少第一感受器材料，挥发性化合物可形成气雾。至少第一感受器材料排列与固体材料热接近。气雾形成基质还包含具有第二居里温度的至少第二感受器材料，所述第二居里温度低于第一感受器材料的第一居里温度。第二感受器材料的第二居里温度对应于第一感受器材料的预定最大加热温度	
附图	无	

专利 5：CN104382238A		
基本信息	专利权人	深圳佳品健怡科技有限公司； 延吉长白山科技服务有限公司
	公开日	2015 – 03 – 04
	优先权号	CN201410717715
	法律状态	有效
专利主要技术点	具有电磁感应烟雾生成装置的电子烟具有引导件，其两端分别位于容纳腔和雾化腔中，引导件用于将容纳腔中的发烟物质引出至雾化腔中；位于壳体内并与引导件伸入雾化腔内的部分以面接触的方式配合的金属发热件，金属发热件置于引导件和电磁线圈之间	
附图		

9.5.3 喷射雾化

根据上述重点专利的筛查公式，将分数最高的 5 项专利进行了整理，见表 9 – 10。

表 9 – 10 喷射雾化重点专利技术信息整理

序号	公开（公告）号	重点专利评价指标【权重】			专利评分
		被引证数量【0.7】	引用数量【0.2】	同族专利数量【0.1】	
1	US6889687B1	98	9	10	71.4
2	US6024097A	71	16	2	53.1

序号	公开（公告）号	重点专利评价指标【权重】			专利评分
		被引证数量【0.7】	引用数量【0.2】	同族专利数量【0.1】	
3	CN1575673A	45	0	3	31.8
4	US7013888B2	12	12	1	10.9
5	CN1788806A	7	0	1	5

针对这5项喷射雾化技术领域重点专利的详细信息进行了摘录，见表9-11。

表9-11 喷射雾化重点专利技术信息整理

专利1：US6889687B1		
基本信息	专利权人	SHL Group AB
	公开日	2005-05-10
	优先权号	SE9903990
	法律状态	有效
专利主要技术点	雾化吸入器包括在进气口与出口之间配置的烟气流动通道、烟弹，雾化组件用于将雾化液体压入烟气流动通道，在烟弹与雾化组件之间具有阀组件，且阀组件由机械式制动器调节	
附图		
专利2：US6024097A		
基本信息	专利权人	ASPEN PHARMACARE EUROPE LTD.
	公开日	2000-02-15
	优先权号	ZA9201245
	法律状态	有效

专利主要技术点	此设备包括至少 3 个、优选 4 个由泵操作的气溶胶分配器。每个分配器含有的液体状尼古丁等物质通过液滴形式从出口孔中喷射出来
附图	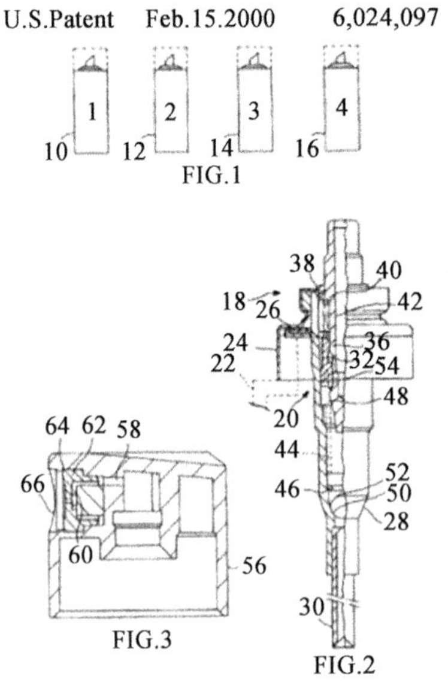

专利 3：CN1575673A

基本信息	专利权人	精工爱普生株式会社
	公开日	2005 – 02 – 09
	优先权号	JP2003198701
	法律状态	无效
专利主要技术点	设置在壳体内的喷出装置（第 1 喷出装置），具有至少 1 个通过驱动制动器以改变充填有液态香味生成介质的腔内的压力，来把香味生成介质以液滴的状态从与腔连通的喷嘴喷出的喷头；设置在壳体内的控制装置，控制喷出装置的驱动	
附图	无	

专利 4：US7013888B2

基本信息	专利权人	Scadds Inc.
	公开日	2006 – 03 – 21
	优先权号	US10442120
	法律状态	有效
专利主要技术点	自给式气溶胶双输送系统的储液囊系统是双弹簧、气体或电动机械的液压缸，以提供适当的压力来实现雾化	

附图	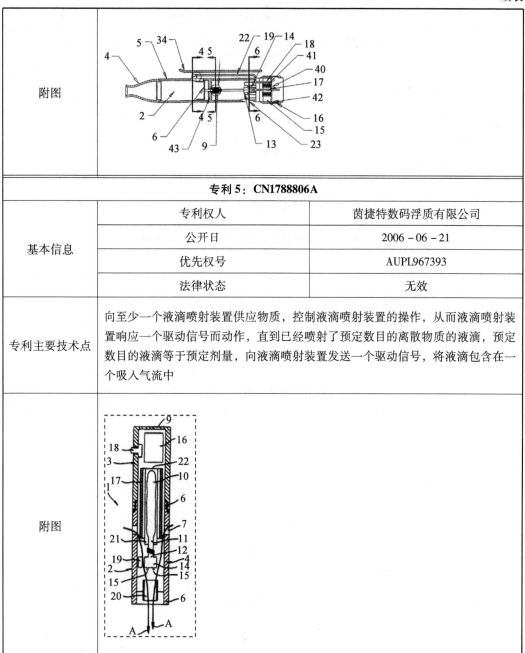

专利5：CN1788806A	

	专利权人	茵捷特数码浮质有限公司
基本信息	公开日	2006 - 06 - 21
	优先权号	AUPL967393
	法律状态	无效

专利主要技术点	向至少一个液滴喷射装置供应物质，控制液滴喷射装置的操作，从而液滴喷射装置响应一个驱动信号而动作，直到已经喷射了预定数目的离散物质的液滴，预定数目的液滴等于预定剂量，向液滴喷射装置发送一个驱动信号，将液滴包含在一个吸入气流中

9.5.4 压电超声雾化

根据上述重点专利的筛查公式，将分数最高的 5 项专利进行了整理，见表 9 - 12。

表 9 – 12　压电超声雾化重点专利技术信息整理

序号	公开（公告）号	重点专利评价指标【权重】			专利评分
		被引证数量【0.7】	引用数量【0.2】	同族专利数量【0.1】	
1	CN1541577A	70	0	22	51.2
2	US8127772B2	47	34	1	39.8
3	CN2777995Y	56	0	1	39.3
4	CN1530041A	35	0	6	25.1
5	JP2008104966A	23	7	1	17.6

对这 5 项压电超声雾化技术领域重点专利的详细信息进行了摘录，见表 9 – 13。

表 9 – 13　压电超声雾化重点专利技术信息整理

专利 1：CN1541577A		
基本信息	专利权人	韩力
	公开日	2004 – 11 – 03
	优先权号	CN03111582
	法律状态	无效
专利主要技术点	安装在壳体内吸气端的电热汽化喷管经电控泵或连有计量腔的阀及与电控泵或阀相连装有烟碱溶液的带单向注液阀的储液胶囊，汽化喷管外侧黏附的超声压电片接控制电路板内的高频发生器，控制电路板上的 4 个输出端连接高频发生器、电热器、泵或阀及显示屏	
附图	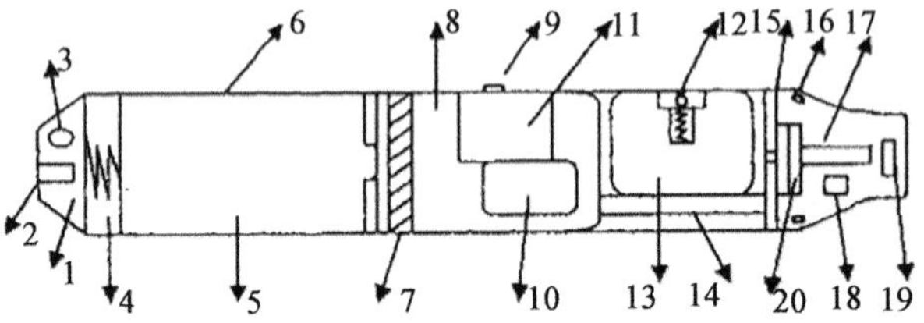	
专利 2：US8127772B2		
基本信息	专利权人	Denain, Pierre
	公开日	2012 – 03 – 06
	优先权号	US12916190
	法律状态	有效
专利主要技术点	雾化器装置包括延伸至壳体的空气通道，雾化发生室连接空气通道，烟弹连接雾化发生室，雾化发生装置在压电超声雾化作用下产生气溶胶	
附图	无	

续表

专利 3：CN2777995Y	
基本信息	专利权人 韩力

<table>
<tr><td colspan="2" align="center">专利 3：CN2777995Y</td></tr>
<tr><td rowspan="4">基本信息</td><td>专利权人</td><td>韩力</td></tr>
</table>

专利 3：CN2777995Y		
基本信息	专利权人	韩力
	公开日	2006 - 05 - 10
	优先权号	CN200520089947
	法律状态	无效
专利主要技术点	雾化器的内部设有雾化腔，雾化腔的雾化腔壁上开有溢流孔，雾化腔内设有加热体，在加热体的一侧开有第一气流喷射孔，雾化腔壁的外围包有多孔体，雾化器的一端设有第一压电片，另一端设有凸起；雾化器的内部设有雾化腔，雾化腔的雾化腔壁上开溢流孔，雾化腔内设有第二压电片，在第二压电片的一侧开有第一气流喷射孔，雾化腔壁的外围包有多孔体	
附图		

专利 4：CN1530041A		
基本信息	专利权人	韩力
	公开日	2004 - 09 - 22
	优先权号	CN03111173
	法律状态	无效
专利主要技术点	与该雾化膜片对应的振动膜片上黏合一个圆形单层或多层纵向极化压电片，此振动膜片上开有凹槽或加入垫圈以同雾化膜片组成液体腔，该液体腔边缘开一小孔以连接具有阻尼作用的供液管	
附图		

专利 5：JP2008104966A		
基本信息	专利权人	SEIKO EPSON CORP.
	公开日	2008 - 05 - 08
	优先权号	JP2006290821
	法律状态	无效

续表

专利主要技术点	雾化装置包括雾化器和液体引导通道，液体引导通道使储液器与空间相互连通，通过毛细管现象将液体供应至表面声波的传播区域，雾化器中的表面声波装置可以通过在压电基片的主表面上形成叉指换能器（IDT）电极获得
附图	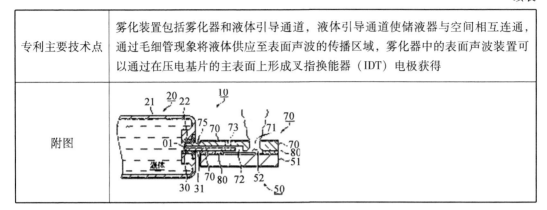

9.6 主要市场竞争对手情况分析

综合考虑电子烟产业的全球主要申请人的专利申请情况，结合具体的技术、市场信息以及上市产品特点，本书选取 7 家国际烟草巨头（菲莫国际、美国雷诺、帝国烟草、日本烟草、英美烟草、PAX 实验室和奥驰亚）以及 7 家国内电子烟产业技术发展优势企业（刘秋明、韩力、云南中烟、湖南中烟、上海烟草集团、湖北中烟和山东中烟）作为主要市场竞争对手，对其专利布局及特点进行讨论。

9.6.1 主要市场竞争对手申请量及行业集中程度

在电子烟技术领域，上述几家企业的专利申请数量占所有电子烟专利数量的 24%，电子烟产业研究的主体较多，竞争较为激烈，虽然这些国内外企业是电子烟技术和产业发展较好的企业，但是并没有达到垄断地位，电子烟技术的广泛分布，也带来了更多的突破可能。相比技术垄断，技术研发的主体越多，可寻求合作和技术借鉴的空间越大，电子烟领域还没有出现一家独大的情况，如图 9 - 4 所示。

在这些市场竞争对手当中，我国的电子烟重点发明人刘秋明，其专利申请数量远远多于其他市场竞争对手。刘秋明是惠州市吉瑞科技有限公司的董事长。国内烟草工业企业云南烟草和湖南烟草在电子烟技术产出中也处于领先地位，尤其在近几年布局了大量的电子烟专利。相比较而言，作为电子烟产业的领军人物韩力及其如烟公司虽然引领了电子烟产业，但是专利布局数量并不多，尤其是在 2011 年之后几乎没有在电子烟领域布局专利。

世界上主要的烟草巨头企业菲莫国际、奥驰亚、美国雷诺、帝国烟草和日本烟草也布局了相当数量的专利。相比较而言，PAX 实验室和英美烟草在电子烟领域布局的专利数量并不多，PAX 实验室在新型烟草领域整体专利布局数量并不多，而英美烟草则不同，它是唯一一个在低温加热卷烟领域专利布局数量超过在电子烟领域专利布局数量的公司。

从专利申请人申请数量的统计上看，国内的刘秋明及其所掌控的吉瑞科技有限公司

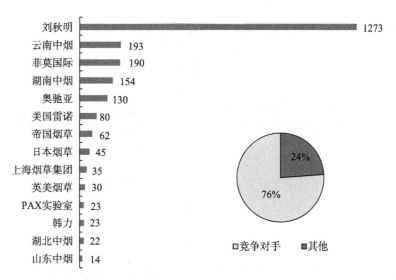

图 9 − 4　电子烟技术主要市场竞争对手专利申请量（单位：项）**及行业集中程度**

数据来源：www. cnipr. com/totalpatent，截至 2017 年 8 月。

在电子烟领域的专利数量远远超过其他的烟草公司，在电子烟技术上的任何一个细节都布局有专利，如果这些专利都获得授权，在未来的电子烟产业上是一股不可忽视的力量。国内烟草工业企业也加快了电子烟技术专利布局。对于国外公司，菲莫国际由于在电子烟领域早入手、深耕耘，技术体系、技术基础远远超过其他公司，该公司在电子烟领域的专利布局很大程度上反映了电子烟技术发展方向。

9.6.2　主要市场竞争对手专利申请趋势分析

（1）从国外主要市场竞争对手的专利产出情况将其划分为 3 个梯队（见图 9 − 5）：

第一梯队，菲莫国际和奥驰亚：

1）美国菲莫公司（Philip Morris）成立于 1900 年，其不仅是世界上最大的烟草上市企业，同时也是新型烟草专利持有量最多、专利申请最为持续的公司。其在电子烟领域的专利申请始于 1992 年，此后 21 年的时间专利产出水平极低，2013 年后申请量明显提升，2015 年申请量达到峰值。从市场情况来看，2013 年菲莫国际与奥驰亚集团达成电子烟合作研发战略，并宣布 2014 年进军电子烟市场。这一市场行为很好地印证了菲莫国际 2013 年后专利申请的变化情况。当然，这与 2012 年下半年美国最高法院最终判定 FDA 禁止销售电子烟败诉，美国电子烟市场被打开不无关系。综上，作为电子烟市场的领军者，菲莫国际的专利申请数量最多，研究最为持续，其专利申请与市场紧密度较高。

2）2003 年菲莫正式更名为奥驰亚集团（Altria），集团业务领域被清晰地划分为烟草、食品和金融服务 3 大块，其中，烟草方面分为菲莫美国和菲莫国际。从专利申请情况来看，奥驰亚名义申请的相关专利量仅次于菲莫公司，2007 年即开始进行专利布局，但是在与菲莫达成合作协议之前专利产出非常少，活跃度也较低。2012 年申请量出现明显上升，此后维持在年均 30 项的产出水平。综上，奥驰亚集团的专利产出同样与市

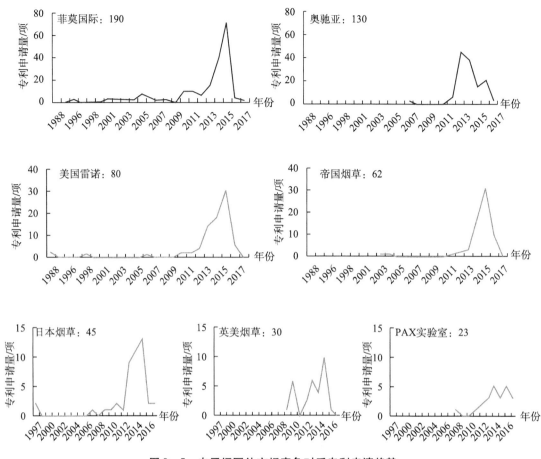

图 9 - 5　电子烟国外市场竞争对手专利申请趋势

数据来源：www. cnipr. com/totalpatent，截至 2017 年 8 月。

场行为紧密结合。

第二梯队，美国雷诺和帝国烟草：

3）美国雷诺（Reynolds American，也称雷诺兹）公司成立于 1875 年，旗下包括 R. J. 雷诺烟草公司、R. J. 雷诺蒸汽公司（成立于 2012 年）、美国鼻烟公司（曾用名 Conwood）、圣达菲天然烟草公司和 Niconovum 公司，目前隶属于英美烟草公司。美国雷诺是 7 家国外市场竞争对手中成立时间最早的公司，也是率先在电子烟领域进行专利布局的公司，第一件专利布局始于 1988 年，此后进行着间断、少量的专利布局，直到 2013 年专利产出水平有所改善，2014 年推出电子烟品牌"Vuse"，2013～2015 年年均申请量为 20 项。2015 年 6 月，收购美国罗瑞拉德公司（Lorillard，成立于 1760 年），并将旗下电子烟品牌"Blu"卖给帝国烟草公司。2017 年，被英美烟草公司收购。综上，美国雷诺公司在电子烟领域的专利布局时间最早，产品上市之前专利产出量明显提升。

4）帝国烟草（Imperial Tobacco）成立于 1901 年，专注于欧洲市场，1996 年在英国伦敦股票交易所上市，2013 年帝国烟草收购叁龙国际公司（如烟），2014 年帝国烟草旗下子公司 Fontem 与英国零售商博姿（Boots）合作，推出了第一款电子烟产品"Puritane"，2015 年推出电子烟品牌"JAI"，通过企业运作获得电子烟品牌"BLU"。从专利产出情况来看，其专利申请始于 2003 年，直到 2014 年产出量出现较为明显的提升。综上，帝国烟草公司在电子烟领域的专利布局主要集中在 2014 年及之后，与产品上市关系密切。

第三梯队，日本烟草、英美烟草和 PAX 实验室：

5）成立于 1985 年的日本烟草（Japan Tobacco）是日本唯一的烟草专卖公司，其在电子烟领域的专利申请始于 1997 年，此后长达 8 年的时间专利申请空白，2007～2012 年的 6 年时间虽然又开始进行相关专利布局，但是专利申请的活跃度极低，年均申请量仅为 1 项。虽然这段时间专利申请活跃度不高，但是市场并购活动较为活跃，1999 年，以 78 亿美元收购了雷诺公司的国际烟草业务，成立了日烟国际公司，使其海外卷烟销售迅速增加。2007 年，以 75 亿英镑收购了曾是全球第五大烟草公司的加拉赫烟草公司；当年日本烟草公司的利润同比上涨了 122.7%，同时在国际烟草市场的份额由 7.5% 升至 70.8%，由此跃居成为全球第三大烟草公司。2014 年收购英国电子烟品牌 E-Lites 母公司 ZANDERA。2015 年，收购美国电子烟厂商 LOGIC。2013～2015 年专利申请活跃度明显提高，2016 和 2017 年，日本烟草相继推出电子烟产品"Logic LQD"（开放式烟弹和多种口味的电子烟油，确保对电子烟油进行简便准确的装填系统，双线圈和可变电压控制能使用户享受自行调节蒸汽大小的体验）。综上，日本烟草虽然也在申请电子烟相关专利，但是其基本策略仍然是基于收购相关公司或技术合作的方式开展的。

6）成立于 1902 年的英美烟草（British American Tobacco）公司总部位于英国伦敦，是世界上第二大上市烟草公司，新型烟草是公司重点发展战略之一。其在电子烟领域的专利申请始于 2009 年，此后基本维持年均 3 件的申请量的水平，呈现震荡上升趋势，2013 年推出电子烟品牌"Vype"。2010 年、2013 年和 2015 年申请量明显高于平均水平，数据显示，2015 年英国市场的电子烟比前一年同期增长了 10%，英美烟草 Vype 电子烟市场份额继续增长，在英国推出了三款新产品和一系列新的电子烟烟液。2017 年收购美国雷诺公司，将旗下电子烟品牌 Vuse 正式纳入麾下。综上，英美烟草在电子烟领域积极进行专利申请，产品上市与专利申请存在一定关联。

7）2007 年，美国 PAX LABS（帕克斯实验室，曾用名 PLOOM 公司，以下简称 PAX 实验室）由斯坦福学生 James Monsees 和 Adam Bowen 创立，是一家电子烟和雾化器技术公司，其公司理念是将雾化器应用于新兴产业。2011 年与日本烟草公司达成合作协议，将 Ploom 的名字和 ModelTwo 蒸发器卖给日本烟草公司。在公司成立的第二年，即 2008 年开始在电子烟领域进行专利布局，经过 2 年的专利申请空白期后，2011 年开始持续性布局，年均申请量为 3 项，专利申请趋势较为平缓。2015 年推出 PAX 2（嘴唇感应技术）和 JUUL，同年获得 4670 万美元 C 轮融资。从专利申请来看，2015 年前后专利申请较为活跃。综上，PAX 实验室在电子烟领域属于技术研发者，其专利申请趋势平缓但持续，产品的推出与专利申请存在一定关系。

（2）根据国内主要市场竞争对手的专利产出情况及技术的重要程度将其划分为三个梯队（见图 9-6）：

第一梯队，刘秋明和韩力：

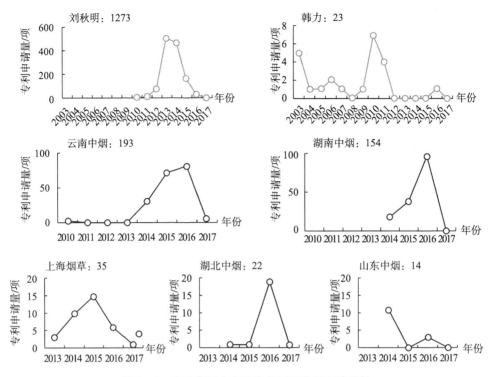

图 9 – 6　电子烟国内市场竞争对手专利申请趋势

数据来源：www. cnipr. com/totalpatent，截至 2017 年 8 月。

1）刘秋明系惠州市吉瑞科技有限公司（KIMREE）董事长，该公司成立于 2006 年，2010 年开始布局电子烟相关专利❶，2012 年申请量开始明显上升，连续 2 年专利增速达 500% 以上，2013 年申请量达到 508 项，2015 年申请量明显下降。从市场情况来看，2014 年，吉瑞科技赴美上市；2015 年被波顿集团收购（香港上市公司名称"中国香精香料"），2016 年吉瑞公司将电子烟"JAI"（帝国烟草）引进中国，并负责其在中国地区的销售。综上，刘秋明代表的吉瑞科技 2013 年的专利猛增与其上市计划存在密切关系。

2）韩力是电子烟技术的发明人，并创立了北京赛波特如烟科技发展有限公司。2003 年韩力递交了第一件电子烟的专利申请，直到 2011 年一直进行着持续的专利布局，构建如烟产品的技术壁垒，2011 年后基本无相关专利产出，2013 年其创建的如烟公司现已被帝国烟草公司收购，韩力本人也加入了帝国烟草公司。综上，尽管韩力代表的如烟公司专利申请量较少，但是其专利申请趋势基本反映了其市场情况。

第二梯队，国内烟草工业企业技术团队：

3）云南中烟（全称云南中烟工业有限责任公司）隶属于中国烟草总公司，2016 年自由品牌"华萃"已上市售卖，2017 年电子烟品牌"MW"已进入日本有税市场❷。其

---

❶　公司网站公布 2009 年申请第 1 件电子烟 PCT 专利，但是使用 KIMREE 或吉瑞或刘秋明或 liu qiuming 均未检索到。

❷　http：//www. tobaccochina. com/dianziyan/20179/201792817436_758448. shtml.

专利申请始于 2010 年，此后经历了 3 年的空白期，2014～2016 年申请量明显上升。

4）湖南中烟（全称湖南中烟工业有限责任公司）隶属于中国烟草总公司，2014 年与深圳合元科技合资成立深圳市湘元科技有限公司，主营电子烟的研发及销售，同年湖南中烟开始电子烟的专利布局，2015～2016 年连续 2 年申请量持续增长，2016 年"超声雾化电子烟"在湖南技术中心亮相。

第三梯队，上海烟草、湖北中烟和山东中烟：

5）上海烟草（全称上海烟草集团有限责任公司）隶属于中国烟草总公司，2013 年开始在电子烟领域进行专利布局，2014～2015 年申请量有所提升。从市场情况来看，该公司在 2014 年成立"新型烟草制品工程中心"，扎实推进新型烟草制品研发与制造工作。

6）湖北中烟（全称湖北中烟工业有限责任公司）隶属于中国烟草总公司，2014 年开始在电子烟领域进行专利布局，2016 年申请量明显提升。

7）山东中烟（全称山东中烟工业有限责任公司）隶属于中国烟草总公司，2013 年开始以电子烟为切入点开展新型烟草制品和装备研发，2014 年即申请了 11 件相关专利，2016 年山东中烟设立"新型烟草制品装备工程研究中心"，进一步加大推进新型烟草制品全产业链研发力度。

总体来看，国外市场竞争对手基本上采取的是自主研发结合企业并购的方式在电子烟领域占据主导地位，其专利布局基本上与企业策略和产品上市同步，2013 年前后各公司加大其在电子烟领域布局的力度，这也说明 2013 年是全球电子烟领域激烈竞争的开始。针对国内市场竞争对手而言，除刘秋明代表的吉瑞科技呈现出明显的为上市而准备的专利布局策略外，其余几家均是以自主研发为主，为产品上市而进行的研发布局策略。从时间节点来看，除韩力外，烟草工业企业技术团队的专利布局基本上集中在 2014～2015 年期间，而在 2014 年全国烟草工作会议上，烟草行业提出重点关注新型烟草的发展，因此可以说 2014 年是中国电子烟市场重新起步的一年。

9.6.3 主要市场竞争对手专利活跃度

申请人近 5 年专利申请量占总量的比例在一定程度上反映其近年专利申请活跃度，从图 9-7 的数据来看，国外申请人在电子烟领域近 5 年专利平均占比（83%）略低于国内申请人（99%，除韩力外），其中菲莫国际近 5 年占比最低，帝国烟草近 5 年占比最高。中国申请人进入该领域的研发时间较晚，但研发活跃度较高。另外，近年来以帝国烟草为代表的各大公司积极开展企业并购、兼并，预示着其仍将电子烟作为重点研究方向。

总体来看，除申请人韩力外，以上市场竞争对手近年来在电子烟领域的研发热度均较高。

9.6.4 主要市场竞争对手技术研发特点

对比国外的七家主要市场竞争对手在不同类型的电子烟上的专利布局特点，反映了各市场竞争对手的产品特点和优势，如图 9-8 所示。在七家国外的主要烟草研究公司

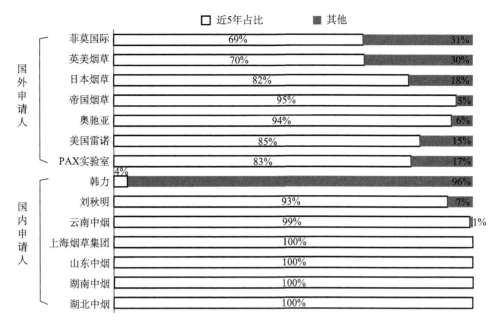

图 9 – 7　电子烟主要市场竞争对手专利活跃度

数据来源：www. cnipr. com/totalpatent，截至 2017 年 8 月。

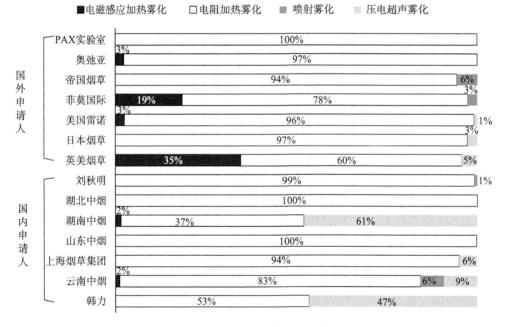

图 9 – 8　电子烟市场竞争对手研发方向

数据来源：www. cnipr. com/totalpatent，截至 2017 年 8 月。

和机构中，PAX 实验室属于一个产品类型单一化的公司，其在电子烟上的专利布局数量并不多，并且布局的专利都是涉及电阻加热雾化技术，公司产品也是电阻加热式的电子烟。其在 2015 年推出的 JUUL 电子烟与其他电子烟使用游离式烟碱不同，该电子烟技术是采用尼古丁盐为核心原料的液态尼古丁，较为核心的专利是 US20140345631A1 以及 PCT 专利 WO2015084544A1，该种类型的电子烟配备了温度调节系统，保证烟雾不会温度过高而烫嘴。

奥驰亚、帝国烟草和日本烟草分别在两个类型的电子烟上布局有专利，三者主要的研究方向是电阻加热雾化技术，专利布局占比超过 93%，奥驰亚在电磁感应加热类型上布局有专利，帝国烟草在喷射雾化技术上布局有专利，但这两项技术的专利占比非常小。奥驰亚在 2013 年开始大量地在电阻式加热雾化技术上布局专利，其产品也是以这一类电子烟产品为主，主要品牌为 MARKTEN，但是，在 2014 年和 2016 年，奥驰亚在电磁感应加热类型的电子烟上开始布局专利，通过电磁感应加热的方式实现雾化操作。帝国烟草在 2014 年开始在喷射雾化技术上布局专利，其采用喷淋雾化器结构进行雾化操作。日本烟草在电阻式加热雾化类型的电子烟占比超过 86%，并且在压电超声雾化类型的电子烟布局有 1 项专利，在 2015 年申请。日本烟草的压电超声雾化技术主要采用的是声波表面雾化技术。

美国雷诺、英美烟草和菲莫国际，研发方向多元化，但是美国雷诺的电阻式加热雾化类型的电子烟占比超过 95%，甚至比奥驰亚和帝国烟草电阻式加热雾化类型还多。其在电磁感应加热雾化类型的电子烟上和压电超声雾化类型的电子烟上分别布局有 2 项专利和 1 项专利，且都在 2015 年和 2016 年申请。由于电阻式加热雾化技术属于当前的主流技术，研究的企业众多，竞争激烈，美国雷诺从其他技术角度入手进行研发，也打开新的研究路径。美国雷诺的电磁感应加热雾化技术设置感应发射器和感应接收器，振荡磁场，产生交流电，感应接收器包括导电材料，电流通过导电材料产生热量，最终加热雾化器中的气雾剂。美国雷诺的压电超声雾化技术主要采用的是声波表面雾化技术。

菲莫国际和英美烟草与美国雷诺比较，专利布局更加均匀，其在电磁感应加热类型方面的电子烟专利布局比例较高，尤其英美烟草公司的电磁感应加热类型专利布局占比超过 35%，与电阻式加热雾化类型专利布局比例差别不大，在电磁感应加热上，英美烟草公司具有优势，其技术主要是通过控制器控制线圈产生交变磁场，进而产生交流电，通过导电材料产生热量，与雷诺公司的技术较为相似。英美烟草公司的压电超声雾化技术主要采用的是声波表面雾化技术。

菲莫国际的电磁感应加热类型电子烟技术主要采用电容器和用于气雾形成的感受器，通过电容器感应耦合感受器，通过感受器加热进行雾化，电流在感受器中产生并流动。而在喷射雾化类型电子烟上，其布局有 3 项专利，所采用的技术是采用文丘里效应向加热元件喷射电子烟液，在加热元件上汽化。

通过比较这些国外的烟草巨头可以发现，虽然电阻式加热雾化技术仍然是当前电子烟研究的主流技术，但是电磁感应加热雾化技术正迅速地发展，未来也是一个重要的电子烟分支。

作为国内电子烟产业的重要企业，湖北中烟和山东中烟的技术方向较为单一，均仅在电阻式加热雾化类型的电子烟上布局有专利。国内电子烟制造业巨头惠州吉瑞科技公司以及其董事长刘秋明先生的专利布局主要集中在电阻式加热雾化类型上。除该类型，刘秋明先生还在压电超声雾化类型的电子烟上布局有 4 项专利，均是声波表面雾化技术。上海烟草集团除在电阻式加热雾化类型上布局有大量专利，也在压电超声雾化类型上布局有 2 项专利，主要采用的是声波表面雾化技术。

作为电子烟产业发展第一人韩力先生在压电超声雾化类型的电子烟和电阻式加热雾化类型的电子烟上均布局有相当数量的专利。从申请时间上看，其早期的技术都是集中在压电超声雾化类型，在 2006 年之后则向电阻式加热雾化类型的电子烟发生技术转移，其 2003 年研发的第一代电子烟产品就是以压电超声雾化类型的电子烟，该技术主要采用声波表面雾化技术。

湖南中烟则在 3 个类型的电子烟上均布局有专利，与其他公司的情况不同，湖南中烟在压电超声雾化类型的电子烟专利布局的占比反而超过电阻式加热雾化类型的电子烟，体现出湖南中烟技术侧重点的方向与其他公司并不相同，这个对其产品的特性化带来优势。其在声波表面雾化技术和电阻加热超声雾化技术上都有技术产出。云南中烟在电子烟技术研发上呈现多元化发展，4 种类型的电子烟均布局有专利，以电阻式加热雾化类型的电子烟为主。其在压电超声雾化类型上布局有 6 项专利，均为声波表面雾化技术，在喷射雾化类型上布局有 4 项专利，采用的技术主要是使用微喷孔板和振动膜，利用雾化芯片控制实现喷射雾化。电磁感应加热雾化采用开关磁阻电机进行磁悬浮离心雾化。

综合上面国内外市场竞争对手的研发方向分析可以看出，当前电子烟的研发热点仍然在电阻式加热雾化技术上。但是国外重要的烟草公司近年来逐渐在电磁感应加热雾化和压电超声雾化技术上开始布局专利。

具体到最近 5 年电阻加热雾化、电磁感应加热雾化、喷射雾化、压电超声雾化的电子烟上看，大部分申请人还是将研发重点放在电阻加热雾化方式上，如图 9 – 9 所示。其中，包括 PAX 实验室、山东中烟以及湖北中烟在内的 3 位申请人全部采用了此种方式，研究的选择空间集中度明显。菲莫国际、英美烟草以及国内烟草工业企业技术团队的研发更趋向于多样性，涉及的雾化方式研究更广且数量分布较为明显，尤其是湖南中烟，是这些国内外市场竞争对手中唯一将非电阻加热雾化（压电超声雾化）方式作为研发重点的申请人。

从前面对电子烟技术构成分析中的内容可知，目前电阻加热雾化方式的专利壁垒多集中在国际较大型的烟草巨头上，故存在一系列的技术或法律上的封锁，所以，其他申请人如果想在电子烟研究的重点技术中攻占研发制高点，形成对自己有利的知识产权保护的武器，采取这种“迂回折返”的研发道路不失为一种较为明智的选择。

值得一提的是，对于现代电子烟发展过程中最重要的人物韩力，却在最近 5 年的研发中未产出任何关于雾化方式创新的专利技术。韩力在 2003 年开始集中产出了一系列的电子烟专利（且雾化方式多为压电超声雾化），进而创建公司启动了市场开拓，到 2008 年，凭借自身把持的专利和技术上的诸多优势，以及在电子烟流行初期所享有的相对自由的发展环境，其所属公司发展迅速，成为此领域最为成功的企业。但是 2009 年开始，由于市场上市场竞争对手实力的逐渐增强、美国/以色列等国家在电子烟政策上的突变，使公司业务遭受巨大创伤，2013 年，帝国烟草收购了韩力所属公司的电子烟业务，使得韩力在电子烟领域创新力的覆盖面逐渐趋窄。

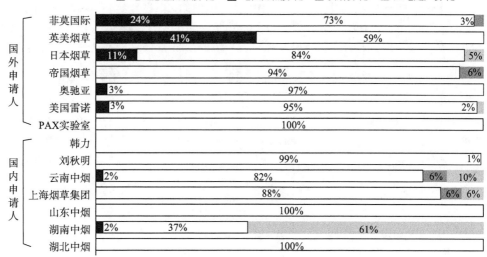

图9-9　近5年电子烟主要市场竞争对手研发方向

数据来源：www.cnipr.com/totalpatent，截至2017年8月。

　　从图9-9可以看出，近5年，除湖南中烟以压电超声雾化作为其主要的研发方向外，电阻式加热雾化的方式是电子烟技术研发活跃度最高的技术。

　　在4种类型的电子烟中，电阻式加热雾化类型的电子烟是最为广泛流行、产品最多也是研究最为热点的类型。对于这种类型的电子烟，通过分析具体的专利布局和技术研发的核心点，从而可以判断出各市场竞争对手在电阻式加热雾化类型电子烟上的研发方向，如图9-10所示。

　　通过大数据的分析标引，电阻式加热雾化类型的电子烟的专利布局的核心在于雾化结构（包括加热部件、雾化装置、储油、导油）、雾化装置和电池以及烟杆的连接、烟冒、外壳设置、电池设置以及烟油成分等多方面内容，其中在雾化装置和电池以及烟杆的连接、电池的研究上布局的数量都较大。而不同类型的电子烟之间最大的区分在于雾化方式的不同，因此，雾化结构也是电子烟技术的核心所在。根据雾化结构专利布局的侧重点不同，我们将与雾化结构相关的专利分成储油、导油、雾化结构使用的材料、对雾化气体的检测、雾化结构本身的设计、雾化装置的智能化以及雾化器在整个电子烟中的位置设计7个方面。

　　刘秋明技术团队研究的侧重点在雾化器结构和雾化器位置两个技术方向，在雾化器结构设计上共布局有201项专利，尤其侧重加热器元件的设计以及与雾化装置如何配合，如设置多个加热组件、电阻丝缠绕在雾化杆上、电阻丝包绕烟油芯、中空螺旋管状加热线等，雾化器位置上共布局有60项专利，主要涉及整个雾化装置在整个电子烟中的位置，以及与其他部件之间的位置连接，此外在储油上布局有42项专利，在导油上布局有14项专利，在雾化材料上布局有6项专利，在雾化器的智能化上布局有11项专利，在雾化检测上布局有9项专利。电阻式加热雾化器是刘秋明团队的核心技术，因此在这一方面的雾化器布局也是最全面的，涉及了电阻式雾化器电子烟

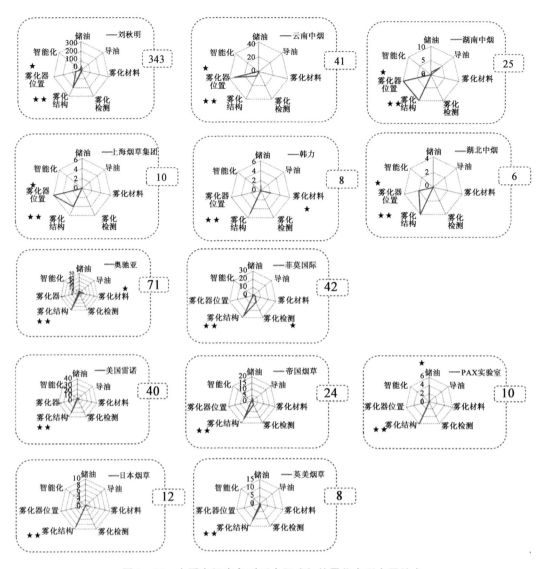

图9-10 主要市场竞争对手电阻式加热雾化专利布局特点

的各个方面。

韩力在2006年之后开始在电阻式雾化电子烟方向进行研究和布局专利，其研究的侧重点在于雾化结构、储油和雾化材料3个方向。由于韩力在电子烟早期技术积累上的优势，其研发的方向值得关注。在雾化结构上，韩力共布局有5项专利，主要研究点在雾化器中的多孔渗透件，电子烟中无储油棉技术，在雾化材料上布局有2项专利，技术核心在加热体采用合金加热丝、导电陶瓷等，在储油上布局有1项专利，采用固体烟油。

奥驰亚公司在除智能化外的六个方向上都布局有专利，其中在雾化结构上布局的专利数量最多，达到47项，在雾化材料上也布局有13项专利，在储油和导油上分别布局有4项和2项专利，都是紧密围绕雾化结构本身进行的技术改进和专利布局。奥驰亚所采用的雾化结构主要是加热线圈、盘式加热器、毛细血管气雾发生器技术，所采用的加热材质是合金材料。菲莫国际公司在雾化结构方向上布局有 28 项专利，在雾化材料上布局有 3 项专利，此外在雾化检测和导油上分别布局有 9 项和 1 项专利。在雾化结构上，菲莫国际的雾化结构主要采用加热丝、毛细管雾化结构，所采用的加热材质是钛、锆、钽等。

美国雷诺公司在除雾化检测以外的各个方向上都布局有专利，在雾化结构上布局专利数量最多，有 31 项，主要涉及电阻丝包绕烟油芯、多孔炭形成的电阻式加热器等，在雾化材料上布局有 3 项专利，涉及的加热材料有陶瓷和多孔炭，在储油、导油、雾化器位置和智能化 4 个方向分别布局有 1 项、2 项、1 项和 2 项专利。

帝国烟草公司在雾化结构上布局有 16 项专利，所采用的雾化结构主要是加热线圈，此外其在储油、导油、雾化检测和雾化器位置上分别布局有 3 项、1 项、3 项和 1 项专利。在雾化材料上，帝国烟草公司并没有技术产出和专利布局。

日本烟草公司在雾化结构上布局有 9 项专利，布局的侧重方向在螺旋式电热线圈以及防止烟油泄漏的保护膜的设置，在雾化材料上布局有 1 项专利，采用材料为铬镍线。

英美烟草公司在雾化结构和雾化检测两个方向上分别布局有 11 项专利和 1 项专利，在雾化结构上研究的侧重点在加热部件为加热网、加热线圈，加热环等电阻形状上的改变。

PAX 实验室在雾化结构和储油上分别布局有 6 项和 4 项专利，在雾化结构上的特点主要是加热器包含热敏电阻，采用多个加热组件并联。

通过上面的分析，各市场竞争对手对雾化器结构上的改进和雾化器位置上的改进是电阻式雾化器最核心的改进点，通过设置雾化器位置，实现雾化器产生的烟气如何最好地流通，以及雾化器位置的设置对整个电子烟其他部件的影响都会改变着电子烟的使用体验和安全性，而雾化器结构上的改进涉及了最核心的加热部件以及雾化部件结构上的设置，实现最好的雾化效果，这必然是雾化器改进的核心内容。进一步比较国内公司和国外公司的专利布局情况，国外市场竞争对手总体上更加关注雾化器结构和雾化器材料上的专利布局。在雾化结构和雾化材料这一雾化器核心技术上的改进是国外企业重点关注的内容，而对于雾化器与其他部件之间的连接位置关系，国外企业的专利布局明显偏少。这也可以看出，雾化器本身技术上的进步是国外企业研发的方向，也是电子烟技术的核心，最核心的技术依然掌握在国外企业手中。

9.7 行业新进入者情况

专利反映了大量的市场信息和经济情报，除了要关注主要市场竞争对手外，对于行业内的新进入者也需要有一定的了解，既避免新的潜在市场竞争对手，同时又可以积极寻求技术上的合作与开发，共同成长为行业内的领军企业。

由于我国卷烟企业大多是在 2013 年之后开始大面积进军新型烟草市场的，因此除国外像菲莫国际、日本烟草、美国雷诺等长期进行新型烟草研究的企业外，绝大部分的企业都属于近几年新进入新型烟草市场的企业。同时综合考虑全面数据收集的实际情况，我们以 2015 年作为时间节点，分析 2015 年之后才开始申请专利的部分权利人的情况，这些权利人即为新进入者。

根据上述筛选原则，本报告选取了电子烟领域在专利产出数量前六位的国内外市场竞争对手，对其技术研发方向做进一步的讨论，主要涵盖雾化方式以及具体的雾化结构特点。

表 9-14 是电子烟领域主要新进入者技术布局特点分析。

表 9-14 电子烟领域新进入者技术布局　　　　　　　　　　单位：项

新进入者	专利产出数量	雾化方式			雾化结构特点				
		电阻加热雾化	电磁感应加热雾化	压电超声雾化	储油	导油	雾化结构	雾化材料	雾化器位置
宏图东方科技（深圳）有限公司	87	61			1	1	42	1	
深圳市艾维普思科技股份有限公司	67	26					14		10
恒信宏图国际控股有限公司	52	38					28	1	
LUNATECH,LLC	39	11	2	7			5		1
深圳市博迪科技开发有限公司	36	28				1	12	7	
常州市派腾电子技术服务有限公司	32	15		1			9		1

数据来源：www.cnipr.com/totalpatent，截至 2017 年 8 月。

宏图东方科技（深圳）有限公司成立于 2014 年，注册资本 500 万元，主要经营电子烟、烟油、香精香料、精油、电子产品及配件的研发、批发、进出口及相关配套业务。2015 年以来，公司在电子烟领域累积的专利产出数量为 87 项。首先，从雾化方式角度看，此公司目前主要在电阻加热雾化领域进行技术创新，相关的专利产出数量达到 61 项，暂时还未发现其在另外三种雾化方式上进行专利技术的布局。其次，从雾化结构特点角度看，此公司在雾化结构、雾化材料、储油以及导油等分支均有相关的技术创新，其中，在储油方面，利用在外管套顶盖上设置与烟嘴注油孔相匹配的外管注油孔的方式实现了烟油注入操作简便的效果；在导油方面，利用在导油体上配置多导油端的方式提高吸油速率和吸油效果；在雾化材料方面，采用 RDA 发热丝进行雾化的加热操作；在雾化结构方面，采用配置特殊结构（涵盖中空结构、管状、内/外致密层、双螺旋、平铺等）发热体（涵盖发热丝、发热件、发热网等）的方式提高雾化效果。

深圳市艾维普思科技股份有限公司成立于 2010 年，注册资本 1.4 亿元，主要涉及电子雾化器的技术研发及相关咨询服务。2015 年以来，公司在电子烟领域累积的专利产出数量为 67 项。首先，从雾化方式角度考量，此公司目前重点研发的雾化方式同样是电阻加热型，相关的专利产出数量有 26 项。其次，从雾化结构的具体特点看，此公司主要对雾化结构和雾化器位置两个分支进行了技术研发，其中，在雾化结构方面，主要采用多根（数量包括 2 根、8 根、10 根等）发热丝联合配置（例如并联）的方式来提高雾化效果。

恒信宏图国际控股有限公司在电子烟领域所布局的 52 项专利均是与宏图东方科技（深圳）有限公司和深圳瀚星翔科技有限公司进行的联合申请，故其在雾化方式以及在具体的雾化结构方面的技术特点与宏图东方科技（深圳）有限公司相同，在此不再赘述。

　　LUNATECH，LLC 来自美国，自 2015 年以来，此公司在电子烟领域累积的专利产出数量为 39 项。首先，从雾化方式角度考量，此公司目前在雾化技术的研发方向上较为多样，涵盖了电阻加热、电磁感应加热以及压电超声等形式，相关的专利产出数量达到了 20 项，而主要的创新类型集中在电阻加热上，专利产出数量占其产出总量的28.2%。其次，从雾化结构的具体特点看，此公司也是集中对雾化结构和雾化器位置两个分支进行了技术研发，其中，在雾化结构方面，主要采用电阻丝包绕烟油芯、分散压电元件配置等技术方式来提高雾化效果。

　　深圳市博迪科技开发有限公司成立于 2014 年，注册资本 200 万元，主要涉及烟油、电子雾化液、植物提取物的技术开发。2015 年以来，公司在电子烟领域累积的专利产出数量为 36 项。首先，从雾化方式角度看，此公司目前同样是只在电阻加热型雾化技术上创新，相关的专利产出数量有 28 项。其次，从雾化结构的具体特点看，此公司在雾化结构、雾化材料以及导油等分支均有相关的技术研发，其中，在导油方面，采用了导油件接触连通发热组件和烟液腔的技术方案；在雾化材料方面，主要涉及玻璃、陶瓷以及复合金属等多种形式的发热材料；在雾化结构方面，采用了包括发热膜卷绕包覆于管本体外表面、在玻纤绳上绕设发热丝、在螺杆中配置雾化发热组件以及在陶瓷棒上缠绕布置电发热丝等在内的多种形式的技术方案来提升雾化效果。

　　常州市派腾电子技术服务有限公司成立于 2016 年，注册资本 300 万元，主要涉及电子产品的技术研发、技术服务、技术咨询、科技信息咨询等。自成立以来，公司在电子烟领域累积的专利产出数量为 32 项。首先，从雾化方式角度看，此公司目前在雾化技术的研发上涵盖了电阻加热和压电超声两种形式。其次，从雾化结构的具体特点看，此公司也是集中对雾化结构和雾化器位置两个分支进行了技术研发，其中，在雾化结构方面，主要采用发热元件本身或发热元件与导液元件之间相互缠绕等方式来提升雾化效果。

9.8　专利运营情况分析

　　在电子烟领域，这些主要市场竞争对手之间几乎没有相关的运营行为发生。电子烟市场的发展仅仅十几年，各主要市场竞争对手之间仍然希望独自抢占市场，利润最大化。唯一发生过专利运营的权利人正是我国的电子烟奠基人韩力先生，受让方是帝国烟草集团的全资附属公司富特姆控股第一有限公司。专利信息不单是一种技术情报，也是一种市场信息情报。随着 2013 年 10 月 23 日富特姆控股第一有限公司完成对叁龙国际公司（如烟集团于 2010 年 7 月更名为叁龙国际有限公司 Dragonite International）电子烟业务的知识产权收购，该专利在中国的变更时间发生在 2014 年 9 月 3 日。由于帝国烟草收购韩力在电子烟方面的知识产权后，迅速对多家美国公司提起专利侵权诉讼，利用专利垄断市场的意图非常明显。而这件被收购的专利在 2016 年 3 月 30 日已经获得授权，见表 9 – 15。

表9-15 专利 CN201080016105.6 运营情况

运营情况分析				
专利号	烟类型	授权时间	转入方	转出方
CN201080016105.6	电子烟	2016.03.30	富特姆控股第一有限公司	韩力

摘要：一种改进的雾化电子烟，包括电源装置（1）、传感器（2）、雾化芯组件和储液部件（3）。还包括容置壳体，壳体上开有辅助进气孔（4）。雾化芯组件包括电加热体（5）和液体渗透件（6）。电加热体（5）具有通孔（51），储液部件（3）具有通道（31），传感器（2）与通孔（51）、通道（31）相连通并与辅助进气孔（4）形成气流回路。电子烟雾化芯组件中的液体渗透件（6）直接套于电加热体（5）上，加热时汽化的烟雾更加充分，液滴更小更均匀，使用者在口感上更易接受，而且更容易到达肺泡而便于吸收。同时，由于电加热体（5）及储液部件（3）有相连通的通孔（51）和通道（31），使雾化产生的烟雾在气流的推动下进一步冷却，使吸入的烟雾更符合吸烟者的口感。电子烟具有可拆卸更换的分体式结构，可实现部件的更换，也便于携带。

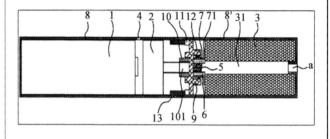

第10章 低温加热烟草制品技术分析

10.1 总体发展趋势分析

本部分内容通过对低温加热烟草制品领域中的技术产出的总体趋势（见图10-1）进行分析和研究，更直观地了解到此领域的专利技术的发展趋势，以期更主动地把握此技术领域的研发动态，为进一步进行自身研发提供更详尽的技术背景支撑。

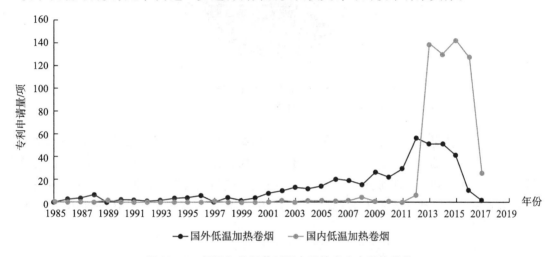

图 10-1 低温加热烟草制品专利技术产出总体趋势

数据来源：www. cnipr. com/totalpatent，截至 2017 年 8 月。

低温加热烟草制品的技术发展开始时期是20世纪80年代左右。由于我国专利制度开始于1985年，因此以1985年作为专利统计的时间起点。

目前在低温加热烟草制品领域的创新力度远远小于电子烟领域。单纯从专利数量上看，目前全球范围内在低温加热卷烟领域的专利申请总量共计1025项，不足电子烟领域专利数量的15%，其中国外与国内在专利上的布局数量比例为0.77，显示两个范围的创新力度大体相当。从趋势角度考量，国外在低温加热卷烟领域的专利申请虽有起伏，但整体上呈现出稳步增长（尤其是在2008年以后）的态势，而国内范围也在2011年以后有了非常明显的申请量激增，年均增长率甚至超过300%，这种趋势从侧面显示出即使整体的创新规模不及电子烟领域，但是业界对这种新型烟草类型的研究一直处于较为活跃的形势，包括菲莫国际、英美烟草、日本烟草等国际巨头，国内烟草工业企业技术团队，如湖南中烟、湖北中烟、上海烟草集团、云南中烟、广西中烟等国内企业在内的众多申请人都积极参与相关技术的研发。

10.2　技术构成分析

低温加热烟草制品根据加热方式的不同可以分为电加热、燃料加热和理化加热 3 种主要加热方式。从专利布局的方向上可以看出，采用电加热方式的专利在此技术领域中占据了绝对优势，占了将近 67% 的份额，其次是燃料加热方式，占据将近 1/3 的数量，而理化加热方式较少，份额仅为 5%，如图 10 - 2 所示。

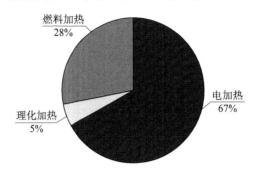

图 10 - 2　低温加热烟草制品加热方式技术构成

数据来源：www. cnipr. com/totalpatent，截至 2017 年 8 月。

电加热型低温加热烟草制品，是以电力为热源来加热可抽吸类物质（烟草），从而产生含有尼古丁的烟雾，是低温加热卷烟的主要加热方式，具体所采用的加热手段有薄膜加热、电磁加热、电阻加热、红外加热、石墨加热和微波加热 6 种类型。具体分析电加热方式中主要加热手段的专利产出（见图 10 - 3）可以看出，在具体的加热方式中，

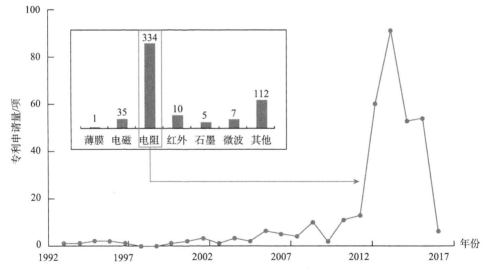

图 10 - 3　电加热方式技术构成及主要分支专利产出趋势❶

数据来源：www. cnipr. com/totalpatent，截至 2017 年 8 月。

---

❶　电加热方式中的"其他"是指此项专利相关技术只说明采用了电加热，但并未透露具体方式。

采用电阻方式进行加热的专利数量最多，总共达到 334 项，几乎占了此技术分支 66.3% 的份额，其次是采用电磁方式进行加热的方式有 35 项，所占份额达到 6.9%，而采用薄膜方式进行加热的仅有 1 项专利，主要借助聚酰亚胺薄膜加热器加热可抽吸材料以使其组分挥发以用于吸入。

而进一步地从电阻加热分支的专利产出趋势情况看出，从 20 世纪 90 年代初期到 2008 年，此分支的专利处于平稳产出的态势，但申请并不连续，绝对申请量也较低，年均专利产出量仅为 2.1 项；2009～2012 年，技术创新的活跃度进一步提高，年均专利产出量达到 9 项；2013 年至今，此技术分支的研发驱动力空前高涨，年均专利申请数量达到 52.8 项，几乎为上一阶段的 6 倍，此领域迎来技术的快速增长期。

理化反应加热型低温加热烟草制品是借助理化反应产生的热量为热源来加热可抽吸类物质（烟草），从而产生含有尼古丁的烟雾。目前所采用的理化加热手段主要是利用化学反应进行加热。从申请趋势上看，理化加热的专利布局一直保持相对平稳的态势，只在 2013～2015 年间有些许的起伏，其中较为活跃的技术布局申请人为湖北中烟、英美烟草以及广东中烟，三者的总产出量贡献了全部技术产出的 31.7%，如图 10－4 所示。

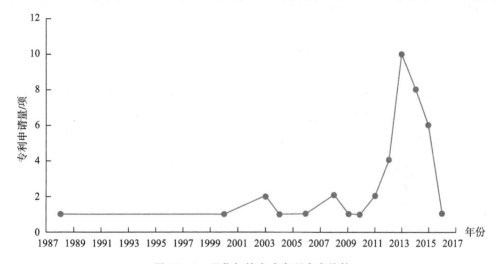

图 10－4　理化加热方式专利产出趋势

数据来源：www.cnipr.com/totalpatent，截至 2017 年 8 月。

燃料加热型低温加热烟草制品是借助外加燃料为热源来加热可抽吸类物质（烟草），从而产生含有尼古丁的烟雾，其中燃料主要涵盖固态、液态以及气态 3 种类型。首先，燃料加热方式中最为主要的方式为固态燃料形式，此领域产出的专利数量达到 140 项，几乎占到燃料加热方式专利的 66% 的比例，其中主要的原料形式是碳，其次，气态燃料，专利产出数量为 25 项，采用液态燃料形式的专利最少，仅有 4 项，其中主要为乙醇/水等形式。而从专利产出趋势（见图 10－5）看，固态燃料技术分支从 2002 年开始呈现出较为连续和平稳的产出态势，年均专利产出量约为 7.4 项，而气态燃料与液态燃料技术分支的产出态势连续性不好，只在极个别年份有专利产出。

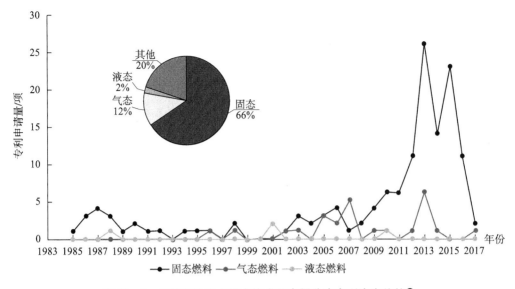

图 10 - 5　燃料加热方式技术构成及主要分支专利产出趋势❶

数据来源：www. cnipr. com/totalpatent，截至 2017 年 8 月。

10.3　技术活跃度分析

本节以最近 5 年时间为限，考察了在低温加热烟草制品加热技术所涵盖的 3 种方式上的专利布局情况以及近 5 年专利产出数量在各自总体数量中的占比。

如图 10 - 6 所示，近 5 年中，采用电加热方式的低温加热烟草制品方面的专利产出

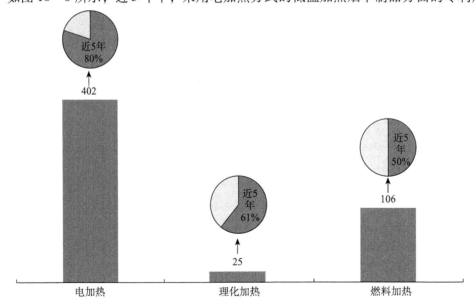

图 10 - 6　低温加热烟草制品领域技术活跃度分析

数据来源：www. cnipr. com/totalpatent，截至 2017 年 8 月。

❶　此处的"其他"是指此项专利相关技术只说明采用了燃料加热，但并未透露具体方式。

数量最多，有超过 400 项的专利技术，且近 5 年的占比达到 80%，创新持续程度更高。采用燃料加热方式的专利产出数量有 106 项，与近 5 年以外的产出数量持平，从一定程度上反映了此种方式与电加热的研发驱动性大体持平。

10.4 功效矩阵分析

本节对低温加热烟草制品领域中的技术功效矩阵进行了统计和整理，具体涵盖低温加热烟草制品中主要分支（指的是加热技术所涵盖的 3 种方式：电加热、理化加热、燃料加热）的技术效果，以及各分支下主要技术类型的技术效果两部分内容，见表 10－1。

表 10－1 低温加热烟草制品领域技术分支功效矩阵 单位：项

低温加热技术分支	效　果						
	安全	便捷	健康	节能环保	提高效率	延长寿命	用户体验
电加热	72	34	58	6	28	5	54
理化加热	1	1	6		6		1
燃料加热	11	11	27	1	3		21

数据来源：www. cnipr. com/totalpatent，截至 2017 年 8 月。

首先，从低温加热烟草制品领域技术分支功效矩阵的分析可知，健康和安全是目前低温加热卷烟技术改进的主要方向，平均的专利技术产出量达到 29.2 项左右，其次，在用户体验、便捷以及提高效率方面，而针对延长寿命和节能环保方面的研究相对来说较少，平均的专利技术产出量仅为 4 项左右，见表 10－2。

表 10－2 电加热领域技术分支功效矩阵 单位：项

电加热技术分支	效　果						
	安全	便捷	健康	节能环保	提高效率	延长寿命	用户体验
电磁	4	1	4		5		5
电阻	53	21	41	3	17	4	39
红外	1		1				
石墨		0			3		1
微波	2		2				2

数据来源：www. cnipr. com/totalpatent，截至 2017 年 8 月。

首先，从电加热的功效矩阵图上看，该技术在研发分布上的均衡性较低，在电阻加热方式上的创新更为突出，几乎比其他 4 种加热方式的总和还要高；其次，从效果方面看，针对安全、健康以及用户体验 3 类效果进行技术研发的驱动性更高，平均的专利技术产出数量达到 13 项左右，针对延长寿命和节能环保两方面效果进行改进的专利较少，平均的专利技术产出数量不足 4 项。

目前在低温加热烟草制品领域中针对理化加热主要的技术手段是化学反应加热方

式，其中主要涉及利用催化剂反应、酸碱反应、自热式发热体（例如利用铁粉、蛭石、活性炭、可溶性无机盐、水和吸水性树脂的混合物）等介质的内容。

首先，从燃料加热的功效矩阵图上看，固态燃料（例如碳质燃料）和气态燃料（例如丁烷燃料）是目前主要采用的手段；其次，从效果方面看，针对健康和用户体验两类效果进行技术研发的专利较多，平均的专利技术产出数量将近10项左右，针对提高效率和节能环保两方面效果进行改进的专利较少，平均的专利技术产出数量仅保持在1.5项左右，而目前暂未发现针对延长寿命效果进行创新的燃料加热方面的专利技术，见表10-3。

表10-3　燃料加热领域技术分支功效矩阵　　　　　　　　　单位：项

燃料加热技术分支	效　果					
	安全	便捷	健康	节能环保	提高效率	用户体验
固态	7	7	17	1	2	15
气态	3	4	4			3

数据来源：www.cnipr.com/totalpatent，截至2017年8月。

10.5　低温加热烟草制品重点专利解读

根据前面章节（具体见本书第9.5节）提出的重点专利筛查公式，本节对低温加热卷烟领域加热技术所涉及的3种加热形式的重点专利进行了筛选和整理，并进一步将重点专利进行了摘录。

10.5.1　电加热

根据上述重点专利的筛查公式，将分数最高的5项专利进行了整理，见表10-4。

表10-4　电加热领域重点专利列表

序号	公开（公告）号	重点专利评价指标【权重】			专利评分
		被引证数量【0.7】	引用数量【0.2】	同族专利数量【0.1】	
1	US20050172976A1	102	30	1	77.5
2	CN101557728A	51	0	5	36.2
3	KR100636287B1	39	0	1	27.4
4	US7445007B2	14	60	1	21.9
5	CN102754924A	26	4	1	19.1

对这5项电加热技术领域重点专利的详细信息进行了摘录，见表10-5。

表 10 - 5 电加热领域重点专利技术信息整理

专利 1：US20050172976A1		
基本信息	专利权人	菲莫国际
	公开日	2005 - 08 - 11
	优先权号	US10695760
	法律状态	有效
专利主要技术点	加热器装置包括多个电阻加热元件，其设置在前壳体部分内，以便滑动接收香烟，位于加热器装置内的挡块限定香烟接收器的终端	
附图	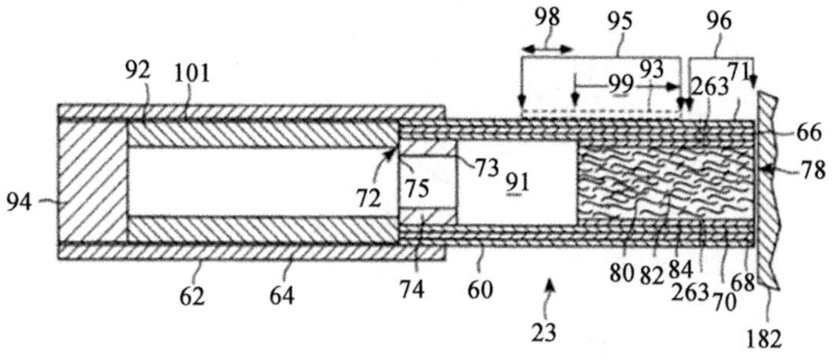 FIG.2	
专利 2：CN101557728A		
基本信息	专利权人	美国雷诺
	公开日	2009 - 10 - 14
	优先权号	US11550634
	法律状态	有效
专利主要技术点	第一电阻加热元件和第二电阻加热元件均位于外壳内，且均由电源供电，两个电阻加热元件用于加热通过外壳远端的开口吸入的空气、浮质形成材料和烟草材料	
附图		

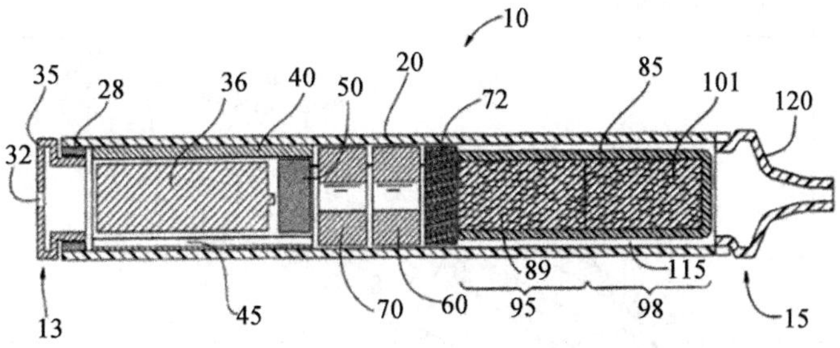

续表

专利 3：KR100636287B1		
基本信息	专利权人	KT & G CORPORATION
	公开日	2006 - 10 - 12
	优先权号	KR1020050069736
	法律状态	有效
专利主要技术点	电加热组件可用电加热方法加热烟草。设置圆柱本体，并从其上部插口加入可加热烟草。探头形状的加热部件电连接至电源连接部分的电极	
附图		

专利 4：US7445007B2		
基本信息	专利权人	韩力
	公开日	2008 - 11 - 04
	优先权号	US60326027
	法律状态	有效
专利主要技术点	加热部件位于安装组件上，安装组件为平面基座结构，且加热部件与此基座之间形成一定的角度	
附图		

专利 5：CN102754924A	
基本信息	专利权人　　　　　　　　　　龙功运
	公开日　　　　　　　　　　2012 – 10 – 31
	优先权号　　　　　　　　CN201210268024
	法律状态　　　　　　　　　　有效
专利主要技术点	壳体内还设有用于放置烟草组合物的烤箱，烤箱上设有进气孔和用于蒸发烟草组合物的电热片，烤箱与吸嘴连通，电池通过控制单元与电热片电连接
附图	

10.5.2　理化加热

根据上述重点专利的筛查公式，将分数最高的 6 项专利进行了整理，见表 10 – 6。

表 10 – 6　理化加热领域重点专利列表

序号	公开（公告）号	重点专利评价指标【权重】			专利评分
		被引证数量【0.7】	引用数量【0.2】	同族专利数量【0.1】	
1	US7290549B2	52	53	1	47.1
2	US8617263B2	3	48	1	11.8
3	US20100226846A1	6	30	1	10.3
4	CN1043076A	10	0	15	8.5
5	CN103202537A	9	8	1	8
6	CN101925309A	8	0	17	7.3

对这 6 项理化加热技术领域重点专利的详细信息进行了摘录，见表 10 – 7。

表 10 - 7　理化加热领域重点专利技术信息整理

专利 1：US7290549B2		
基本信息	专利权人	美国雷诺
	公开日	2007 - 11 - 06
	优先权号	US10625762
	法律状态	有效
专利主要技术点	具有封闭端和开放端的加热室包括设置在加热室开口端的有孔加热筒，设置在加热室封闭端的支座、活化溶液、将活化溶液与加热筒分开的易碎密封件。加热筒包括可能以各种构造出现的金属试剂。当加热筒被推动后，热源被激活并且破坏易碎密封件，从而允许金属试剂与活化溶液之间接触，活化溶液转移到金属试剂中引起化学反应，进而产生热源	
附图		

专利 2：US8617263B2		
基本信息	专利权人	美国雷诺
	公开日	2013 - 12 - 31
	优先权号	US13049432
	法律状态	有效
专利主要技术点	利用含金属催化剂前体与填料材料/石墨或者几种的组合物形成相互反应的预处理燃料，从而产生加热烟草所用的热源	
附图		

续表

	专利 3：US20100226846A1	
基本信息	专利权人	菲莫国际
	公开日	2010 – 09 – 09
	优先权号	US12782427
	法律状态	有效
专利主要技术点	包含用于将一氧化碳转化成二氧化碳的颗粒催化剂的香烟构件，其中催化剂包括包含承载在第二金属氧化物的载体颗粒之中和/或之上的银的颗粒，第二金属不同于银，其中构件选自烟草切割填料、烟纸和香烟过滤材料	
附图	无	
	专利 4：CN1043076A	
基本信息	专利权人	美国雷诺
	公开日	1990 – 06 – 20
	优先权号	US07277730
	法律状态	无效
专利主要技术点	通过加热烟草而不通过燃烧烟草或任何其他材料提供烟草香味的香烟。热源包括金属氧化物（如氧化钙）、无水金属硫酸盐（如硫酸镁）、无机盐和糖通过与水接触产生热，该热源产生的热加热在热交换媒质中的烟草，典型的热源加热烟草自 70 ~ 200℃ 保持 4 ~ 8min	
附图		

	专利5：CN103202537A	
基本信息	专利权人	湖北中烟
	公开日	2013 – 07 – 17
	优先权号	CN201310129473
	法律状态	无效
专利主要技术点	利用加热装置加热，激发挥发性酸雾化，气流带动挥发性酸与烟碱混合，形成烟雾，含有烟碱成分的烟雾再通过烟嘴吸食进入口腔	
附图		

	专利6：CN101925309A	
基本信息	专利权人	斯泰格莫德有限公司
	公开日	2010 – 12 – 22
	优先权号	FI20085052
	法律状态	无效
专利主要技术点	加热源包括由一个连续的体积构成的加热室并且加热源由外部热和/或氧气激励来触发	
附图		

10.5.3 燃料加热

根据上述重点专利的筛查公式，将分数最高的5项专利进行了整理，见表10 – 8。

表10 – 8 燃料加热领域重点专利列表

序号	公开（公告）号	重点专利评价指标【权重】			专利评分
		被引证数量【0.7】	引用数量【0.2】	同族专利数量【0.1】	
1	US8991387B2	2	782	1	157.9
2	US20070215167A1	108	99	6	96
3	US8235056B2	6	164	1	37.1
4	CN101778578A	28	0	25	22.1
5	CN1333657A	22	0	14	16.8

对这 5 项燃料加热技术领域重点专利的详细信息进行了摘录，见表 10 - 9。

表 10 - 9　燃料加热领域重点专利技术信息整理

专利 1：US8991387B2		
基本信息	专利权人	ALEXZA PHARMACEUTICALS, INC.
	公开日	2015 - 03 - 31
	优先权号	US13783508
	法律状态	有效
专利主要技术点	加热单元包括基底和能够经历放热金属氧化反应的固体燃料，加热单元设置在基底内，且加热单元的起动包括电阻驱动、光学点燃或者撞击方式	
附图		

专利 2：US20070215167A1		
基本信息	专利权人	美国雷诺
	公开日	2007 - 09 - 20
	优先权号	US11377630
	法律状态	有效
专利主要技术点	通过在点燃端或可抽吸端的燃烧来点燃热产生部件中的可燃燃料，进而与气溶胶产生部分进行热量交换	
附图		

	专利3：US8235056B2	
基本信息	专利权人	菲莫国际
	公开日	2012 – 08 – 07
	优先权号	US12000863
	法律状态	无效
专利主要技术点	由发烟材料构成的圆柱体和位于由发烟材料构成的圆柱体内中心管组成新型烟草，在每一次抽吸中，热随着烟气从由发烟材料构成的圆柱体的点燃端部经过中心管对流地传递到由发烟材料构成的圆柱体的嘴端部	
附图		

	专利4：CN101778578A	
基本信息	专利权人	菲莫国际
	公开日	2010 – 07 – 14
	优先权号	EP07253142
	法律状态	有效
专利主要技术点	吸烟制品包括可燃热源（4），在可燃热源下游的气雾产生基质，和围绕并且接触可燃热源的后部部分和气雾产生基质的相邻前部部分的热传导元件，气雾产生基质向下游延伸超出热传导元件至少约3mm	
附图		

	专利5：CN1333657A	
基本信息	专利权人	H. F. 及 PH. F. 里姆斯马股份有限公司
	公开日	2002 – 01 – 30
	优先权号	DE19854009
	法律状态	无效

续表

专利主要技术点	在外壳的后区布置一个燃料室，所需的热能由气态和/或液态燃料提供
附图	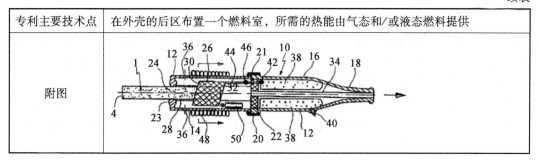

10.6　主要市场竞争对手情况分析

10.6.1　主要市场竞争对手申请量及行业集中程度

如图 10 – 7 所示，在低温加热烟草制品技术领域，几家主要市场竞争对手的专利申请数量占所有低温加热卷烟专利数量的 41%，低温加热卷烟技术较电子烟技术相对更为集中，这些市场竞争对手可以最大限度地掌握低温加热卷烟的技术发展趋势和前景。

在这些市场竞争对手当中，菲莫国际在低温加热烟草制品领域一枝独秀，其专利申请数量远远多于其他市场竞争对手，体现了其在低温加热卷烟领域的技术垄断地位。作为世界上最大的烟草公司，菲莫国际是最早进入新型烟草领域研发的龙头企业，得益于多年的深耕，在低温加热烟草制品技术领域有了丰富的产出，并且有相关产品上市，如采用尼古丁和弱有机酸进行化学反应加热的 STEEP 型低温加热卷烟，2017 年上市的采用炭源加热的 TEEPS 型低温加热卷烟以及广受消费者认可的 iQOS，这些产品的背后都

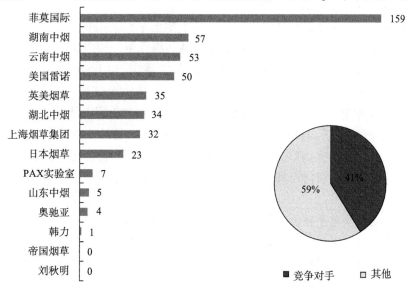

图 10 – 7　低温加热卷烟市场竞争对手排名（单位：项）

数据来源：www.cnipr.com/totalpatent，截至 2017 年 8 月。

布局了专利予以保护。

除菲莫国际外，世界上主要的烟草巨头企业美国雷诺、英美烟草、日本烟草和PAX实验室也布局了相当数量的专利。相比较而言，奥驰亚在低温加热烟草制品领域的专利布局数量较少，这可能的原因在于其旗下的烟草巨头公司菲莫国际从奥驰亚分离，导致绝大部分烟草专利都归为菲莫国际。特色业务的分离，也使奥驰亚在低温加热卷烟技术领域专利申请数量较少。而在这些国际烟草巨头中，作为世界第四大烟草公司的帝国烟草在低温加热烟草制品领域没有申请任何相关专利，说明其在该技术领域的技术产出较少，将重心集中在电子烟领域。

与国际上的烟草巨头相比，国内在低温加热烟草制品领域的专利申请数量并不少，在该技术领域的技术成果较为丰富。其中湖南中烟、云南中烟、湖北中烟、上海烟草集团的专利申请数量较多。而作为电子烟行业的领头人韩力先生在低温加热卷烟领域并没有太多的专利申请，技术研发成果并不多。

从专利申请人申请数量的统计上看，菲莫国际在低温加热烟草制品领域的技术成果最为丰富，也是该领域未来发展的风向标。其次美国雷诺和英美烟草在低温加热卷烟领域技术成果也较为丰富。

10.6.2 主要市场竞争对手专利申请趋势分析

菲莫国际的iQOS是目前销售范围最广的低温加热烟草制品，它通过直接加热经过特殊处理的烟叶，使之不需要燃烧就可以释放气雾以供吸入。由于iQOS仅适用于短支卷烟，菲莫国际进而开始研发新的产品，Platform 2将通过卷烟头部的加热素材进行加热，可以采用传统方式吸食。同时，不使用烟叶、使尼古丁和有机酸进行化学反应的Platform 3及使用尼古丁溶液的Platform 4也在研发之中，其中Platform 2和Platform 3计划在2017年上半年开始试验性销售。

英美烟草已经在欧洲的罗马尼亚烟草市场上推出了GLO-iFuse加热不燃烧产品，同时这款产品也是该公司第一款低温加热烟草产品。据介绍，该产品可以加热含有烟碱的电子烟液，然后通过烟草部分向消费者提供烟草的香气。2017年英美烟草公司在加拿大推出I-GLO。

2011年日本烟草与Ploom公司达成合作协议，计划在美国以外的地区销售Ploom的新一代"吸烟替代产品"，其推出的产品"Ploom tech"，通过蒸汽装置加热非尼古丁烟油，并间接加热含颗粒状烟草的胶囊，使用混合技术来产生富含烟草的蒸汽，给消费者带来烟草体验。综上，目前市场上主要是菲莫国际、英美烟草和日本烟草的产品在争夺市场份额。

从国外市场竞争对手在低温加热卷烟的专利申请趋势（见图10-8）来看，菲莫国际和美国雷诺研发时间最早，早在20世纪80年代就有专利产出，所不同的是菲莫国际近年来加大了对低温燃烧卷烟的研发力度，其推出的iQOS目前在日本市场份额已达3%。

英美烟草和日本烟草在低温加热烟草制品的布局力度相当，英美烟草在研发时间及近年活跃度方面均略优于日本烟草。

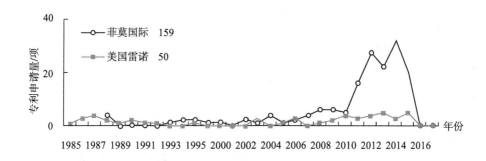

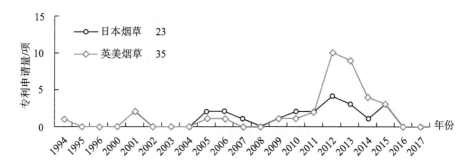

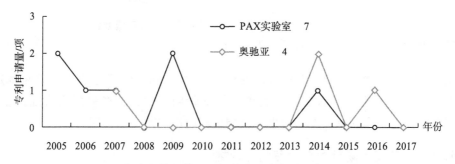

图 10－8　低温加热烟草制品国外市场竞争对手专利申请趋势

数据来源：www. cnipr. com/totalpatent，截至 2017 年 8 月。

PAX 实验室和奥驰亚在低温加热烟草制品的专利总量均为个位数，因此很难从专利申请上看出公司的布局策略。从申请趋势来看，前者近年来研发活跃度明显下降，而奥驰亚为菲莫国际的母公司，虽然以奥驰亚名义提出的相关专利较少，但是从菲莫国际对于低温加热产品投入的资金情况来看，其同菲莫国际一样将低温加热烟草制品作为公司重点研发产品。

湖南中烟和云南中烟在低温加热烟草制品领域的专利申请趋势较为相似，均是从 2013 年开始进行专利布局，此后保持了一定的上升趋势。湖北中烟和上海烟草集团专利申请趋势相似，均是从 2013 年开始进行专利布局，此后经历了 2 年的产出低谷期，2016 年申请量出现了不同程度的增长。山东中烟和韩力在低温加热卷烟领域的研发属于偶发式申请，分别于 2015 年和 2016 年提出申请，如图 10－9 所示。

总体来看，国外市场竞争对手中菲莫国际、英美烟草和日本烟草在低温加热烟草制品领域的研发较为积极，同时已推出了相关产品，其专利申请活跃期集中在 2012 年前

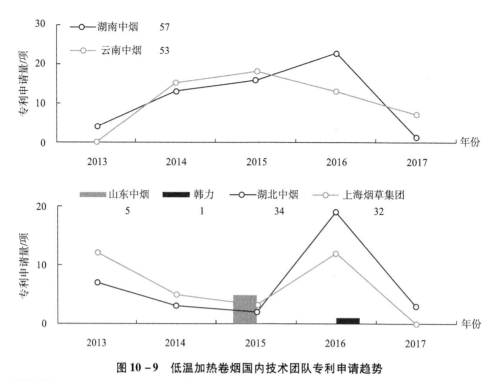

图 10 - 9　低温加热卷烟国内技术团队专利申请趋势

数据来源：www.cnipr.com/totalpatent，截至 2017 年 8 月。

后，也正处于企业产品上市或企业并购的时期。国内烟草行业工业企业在低温加热卷烟领域投入较大，2015 年前后是其专利布局的活跃期，除了在产品研发方面的策略外，国内烟草行业的新型烟草发展导向也是影响专利布局的重要影响因素。

10.6.3　主要市场竞争对手专利活跃度

国外申请人在低温加热烟草制品领域近 5 年专利平均占比明显低于国内申请人，其中奥驰亚公司近年对低温加热烟草制品研发活跃度最高，而帝国烟草公司近年来无相关专利产出，美国雷诺和 PAX 实验室近年来对低温加热烟草制品研发活跃度较低。

中国企业在该领域的研发基本集中在 2010 年之后，因此近 5 年比重高，基本维持在 100%，如图 10 - 10 所示。

总体来看，近年来国外市场竞争对手在低温加热烟草制品领域的布局活跃度明显低于国内，奥驰亚、菲莫国际和英美烟草近年来布局活跃度相对较高。

10.6.4　主要市场竞争对手技术研发特点

低温加热烟草制品根据加热的原理类型不同可以分为电加热、理化加热和燃料加热 3 种类型。国外的主要市场竞争对手在不同类型的低温加热烟草制品上的专利布局特点，反映了各市场竞争对手的产品特点和优势。在国外的主要烟草公司和研究机构中，PAX 实验室最闻名的产品是 modelTwo 和 PAX 两款能加热而不燃烧烟草的烟草蒸发器，相对于电子烟 JULL 的研发，这款烟草蒸发器早在 2014 年就推出上市。而分析 PAX 实

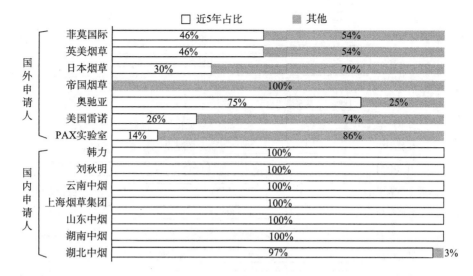

图 10 – 10　低温加热卷烟专利申请人活跃度

数据来源：www. cnipr. com/totalpatent，截至 2017 年 8 月。

验室在低温加热卷烟的专利布局可以看出，其早在 2005 年就开始研究低温加热卷烟相关技术。该公司的低温加热烟草制品加热技术采用的都是气体燃料加热的方式，所采用的加热气体是丁烷，通过丁烷的燃烧释放热量从而进行加热。

　　除 PAX 实验室仅在燃料加热方向的低温加热烟草制品上布局有专利，奥驰亚低温加热烟草制品的研发方向和专利布局方向也较为单一，仅在电加热类型的低温加热烟草制品上布局有专利，所采用的电加热手段通过电阻丝加热或者石墨加热产生热量烘烤烟叶。

　　日本烟草以理化加热和燃料加热两种类型的加热方式为主。在燃料加热方面，日本烟草公司的专利布局占比达到 92%（见图 10 – 11），属于其主要的研发方向，通过其后来收购普洛姆公司的部分知识产权也可以看出，由于普洛姆公司的研发方向也在燃料加热类型的低温加热烟草制品上，通过商业上和专利布局上的分析可以看出，日本烟草在低温加热烟草制品的主要研发方向是燃料加热。

　　绝大多数的国外市场竞争对手在低温加热烟草制品上都是齐头并进，多项发展，但是各公司的侧重点又有所不同。菲莫国际的专利布局方向主要在电加热，占比达到 60%，燃料加热的占比为 39%，理化加热仅占 1%，其理化加热技术采用化学热源提供热量。美国雷诺的专利布局侧重点在燃料加热，占比达到 78%，电加热和理化加热占比较少，其中电加热占比为 18%，而理化加热占比仅为 4%。英美烟草在 3 种类型的低温加热卷烟技术中专利布局方向较为平均，电加热类型稍多，占比为 43%，燃料加热的占比为 36%，而理化加热的占比为 21%。

　　通过比较国外市场竞争对手，英美烟草在理化加热类型上的专利占比较多，相对于其他几家公司，该公司在理化加热类型的低温加热烟草制品投入力度更大，其主要采用化学热源，如三水合乙酸钠。燃料加热类型的低温加热卷烟的重点研发公司是日本烟草、PAX 实验室和美国雷诺，菲莫国际虽然占比不高，但是由于其在低温加热烟草制品

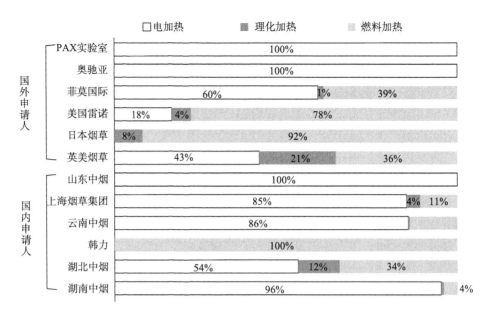

图 10-11 低温加热卷烟领域市场竞争对手研发方向

数据来源：www.cnipr.com/totalpatent，截至 2017 年 8 月。

上的总体专利数量上较多，因此在燃料加热类型的低温加热卷烟专利布局数量也较多，技术产出丰富，值得注意。电加热类型的低温加热烟草制品的重点研发公司是菲莫国际。

国内主要市场竞争对手中，韩力虽然在低温加热烟草制品中也布局有专利，但是成果较少，仅有 1 项专利，所采用的燃料加热方式为碳源加热。与国外市场竞争对手相比，国内市场竞争对手研究的侧重方向在电加热类型的低温加热卷烟上，山东中烟申请的全部低温加热烟草制品都采用电加热方式，湖南中烟电加热方式的专利申请占比达到96%，云南中烟和上海烟草集团的电加热方式专利申请占比达到或超过85%，仅有湖北中烟的电加热方式的专利占比相对较低，达到54%。在理化加热方面，仅有湖北中烟、云南中烟和上海烟草集团布局有专利，其中，湖北中烟和云南中烟的理化加热专利技术方向，与菲莫国际一致。

具体到电加热、理化加热、燃料加热 3 种加热方式的对比上，在最近的 5 年中，菲莫国际、奥驰亚以及美国雷诺等国外申请人多同时关注电加热和燃料加热两种方式，日本烟草和 PAX 实验室在加热方式上的重点放在了燃料加热，分别产出了 3 项和 1 项相关专利，而帝国烟草在最近 5 年暂未发现在加热方式上产出相关的专利，如图 10-12所示。而国内申请人在加热方式上的技术配置较为简单，多是电加热方式占据专利产出的主要地位，但湖北中烟加热方式选择上较为多样化。值得注意的是，韩力在低温加热卷烟领域的燃料加热技术上有所创新，其布局了 1 项利用碳质固态燃料进行加热的专利（公告号：CN205695718U）。

从上面近 5 年的各主要市场竞争对手的研发活跃度上可以看出，主要市场竞争对手的当前研究热点在电加热和燃料加热的两个方向。

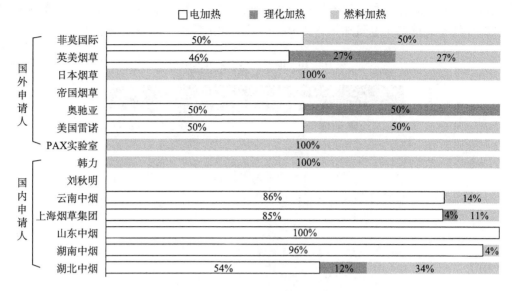

图 10 – 12　低温加热烟草制品领域技术活跃度分析

数据来源：www. cnipr. com/totalpatent，截至 2017 年 8 月。

　　燃料加热按照燃烧的原料不同可以分为固态加热、气态加热和液态加热，分析各市场竞争对手的研发方向可以看出各公司的侧重点有所不同，见表 10 – 10。国外涉及燃料加热的 6 家公司中，PAX 实验室所采用的加热燃料完全是气态燃料，使用的是丁烷气体，其他主要市场竞争对手都是以固态加热为主。日本烟草和菲莫国际所采用的燃料加热方向都是采用固体加热，使用的热源通常是碳材料，这也是固体加热最主要的加热方式，此外，美国雷诺、英美烟草在固体加热上的专利布局数量也较多，且所使用的热源大多是碳热源。在液态加热技术中，英美烟草公司布局有专利，其所采用的液体燃料源是由乙醇和低分子量碳氢化合物油构成的组合。

　　国内技术团队中，除湖南中烟外，都是采用固体燃料进行加热的，所采用的燃料热源是碳热源，其中湖北中烟和云南中烟的专利布局数量较多，在该技术的产出较多。在气态加热中，湖北中烟所采用的技术是外部热源——打火机点燃空气形成热空气进行雾化，湖南中烟采用的技术是采用石油液化气、乙醚、天然液化气等可燃物质进行雾化。

　　作为低温加热烟草制品的主流技术电加热，根据加热的手段不同可以分为电阻加热、薄膜加热、微波加热、红外加热和电磁加热 5 种类型，分析不同市场竞争对手在电加热领域的专利布局情况，可以了解各个市场竞争对手的研发侧重方向。作为在电加热技术上布局专利数量最多的公司，菲莫国际研究的侧重点在电阻加热上，共布局有 48 项专利，主要采用电加热丝的手段进行加热，此外在电磁加热的手段上布局有 7 项专利，采用的热源为感应线圈形成的由 AC 源例如 LC 电路生成交变电磁场。英美烟草公司能够明确电加热形式的专利数量共有 11 项，类型较多，在薄膜加热、电磁加热、电阻加热和红外加热方式上都布局有专利，其中，红外加热的方式上布局专利数量最多，达到 7 项，其电加热所采用的主要手段是红外加热的方式。由于目前薄膜加热技术中仅英美烟草公司布局有专利，对于这一技术的跟踪与研究特别需要关注该公司。美国雷诺公司的专利布局重点在电阻加热方式上，所采用的主要也是电热丝的手段。

表 10 – 10 燃料加热研发方向分析

燃料加热研发方向分析			
竞争对手		固态	气态	液态
国外竞争对手	PAX实验室		5	
	菲莫国际	35		
	美国雷诺	23	1	
	日本烟草	9		
	英美烟草	7		2
国内竞争对手	上海烟草集团	3		
	云南中烟	5		
	韩力	1		
	湖北中烟	4	4	
	湖南中烟		1	

数据来源：www. cnipr. com/totalpatent，截至 2017 年 8 月。

国内采用电加热方式实现低温加热的公司数量较国外更多，国内烟草行业工业企业技术团队在此方向上布局有专利，并且研究的侧重点都在电阻式加热雾化，湖南中烟的专利布局数量最多，有 35 项专利，采用的加热手段主要是螺旋加热体、加热针、加热丝、加热片的方式，云南中烟布局有 25 项专利，主要采用分段式加热和加热片的手段，上海烟草集团布局有 19 项专利，主要采用的手段是陶瓷加热管/加热柱的方式，湖北中烟布局有 8 项专利，采用的加热手段主要是加热丝、加热针和加热片，山东中烟布局有 5 项专利，采用的加热手段主要是分段式加热、加热丝、加热片的手段。

除主要的电阻式加热外，各公司在其他方式上也布局有少量专利，可以区分出各个公司未来的产品发展方向，湖北中烟在红外加热的方式上布局有专利，云南中烟在微波加热的方式上布局有专利，上海烟草集团和湖南中烟在电磁加热的方式上布局有专利，如图 10 – 13 所示。

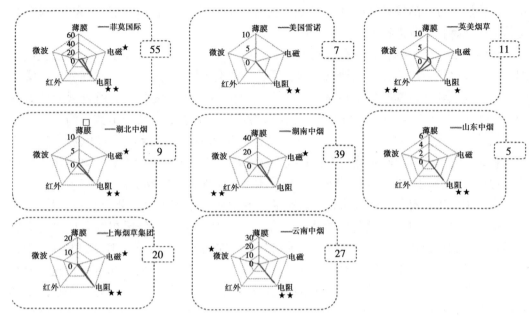

图 10-13　市场竞争对手技术特征

10.7　行业新进入者情况

本部分选取了低温加热卷烟领域在专利产出数量前 5 位的国内外市场竞争对手，对其技术研发方向做进一步的讨论，主要涵盖雾化方式以及具体的雾化结构特点。

表 10-11 是低温加热卷烟领域主要新进入者技术布局特点。

表 10-11　低温加热卷烟领域新进入者技术布局　　　　　　　　　　　单位：项

新进入者	专利产出数量	加热方式及具体特点	
		电加热	燃料加热
安徽中烟工业有限责任公司	18	1	16(碳源燃料[13])
深圳市赛尔美电子科技有限公司	7	3（电阻加热[1]）	—
贵州中烟工业有限责任公司	7	1（电阻加热[1]）	—
深圳市乐瑞达科技有限公司	6	4（电阻加热[3]）	—
云南中烟再造烟叶有限责任公司	4	1（电阻加热[1]）	—

数据来源：www.cnipr.com/totalpatent，截至 2017 年 8 月。

安徽中烟工业有限责任公司隶属于国家烟草专卖局（中国烟草总公司），下辖蚌埠、芜湖、合肥、阜阳、滁州 5 个卷烟厂及其所属多元化经营企业。2015 年以来，该公司在低温加热卷烟领域累积的专利产出数量为 18 项。首先，从低温加热卷烟的加热方式角度看，此公司目前在电加热和燃料加热两个领域进行了技术研发，主要的创新方向是燃料加热方式，其技术专利产出数量几乎占到低温加热卷烟总布局量的 88.9%。

其次，从加热方式的特点角度看，该公司在燃料加热领域的研发重点集中在固态燃料，尤其是碳源燃料的改进技术。

深圳市赛尔美电子科技有限公司成立于 2012 年 7 月 7 日，专注于"健康安全电子烟"的开发和研制，主营一次性电子烟、可循环性电子烟、电子烟斗、电子雪茄、雾化器、可充式电池等，其产品技术领先，在国内及国际上获得发明、实用新型和外观共 80 余项专利。2015 年以来，公司在低温加热卷烟领域累积的专利产出数量为 7 项。首先，从低温加热卷烟的加热方式角度看，该公司目前的研发力量集中在电加热技术方面，有 3 项专利产出与此领域相关；其次，从加热方式具体特点角度看，其采用了螺旋状（电阻）加热丝缠绕于加热棒外侧壁的技术方案来保证加热效果。

贵州中烟工业有限责任公司属于国家烟草专卖局（中国烟草总公司），在贵阳、遵义、毕节、贵定、铜仁下设 5 个卷烟生产厂。2015 年以来，该公司在低温加热卷烟领域累积的专利产出数量为 7 项。从低温加热卷烟的加热方式角度看，本次数据标引中暂时只发现了 1 项采用电加热技术形式的专利，而从加热方式具体特点角度看，这项专利利用"电加热芯间隔于加热套管空腔的内壁设置以用于插入烟丝中"的方案来减少预热时间和功耗。

深圳市乐瑞达科技有限公司成立于 2008 年，专业从事集电子烟的研发、设计、生产、销售、服务为一体的高科技企业。2015 年以来，公司在低温加热卷烟领域累积的专利产出数量为 6 项。从低温加热卷烟的加热方式角度看，此公司有 4 项专利产出是出自电加热方面，而进一步考量加热方式的具体技术特点后发现，其中有 3 项专利是利用电阻进行加热，包括采用螺旋缠绕镍镉发热丝和螺旋式整体加热等技术方案来保证加热效果。

云南中烟再造烟叶有限责任公司成立于 2011 年，是云南中烟工业有限责任公司联合昆明船舶设备集团有限公司、云南瑞升烟草技术（集团）有限公司所共同成立的国有控股股份制企业，主要经营业务是造纸法再造烟叶相关配套工艺技术研究、工艺装备设计开发，以及再造烟叶产品的生产和销售。2015 年以来，该公司在低温加热卷烟领域累积的专利产出数量为 4 项。其中，本次数据标引中暂时发现只有 1 项专利涉及加热方式的技术，具体属于电加热中的电阻加热，采用"镶嵌于加热管内壁螺旋形凹槽内的加热电阻丝"的方式来保证加热效果。

10.8　专利运营情况分析

在低温加热烟草制品领域，日本烟草作为转入方多次从其他公司获得专利技术，其主要的技术转出方是美国雷诺和普洛姆。其中，日本烟草与美国雷诺之间的专利权转让都发生在 20 世纪 90 年代，在这一阶段，低温加热烟草制品领域技术才刚刚起步，而雷诺烟草公司早在 20 世纪 80 年代就致力于低温加热卷烟领域的研制并且布局专利，在 90 年代推出 Eclipse 加热非燃烧设备，因此在低温加热烟草制品领域有着天然的技术基础，日本烟草公司依托于最优势的技术企业助力其技术发展。

日本烟草公司在低温加热卷烟领域利用和借鉴雷诺烟草公司专利，该公司在 2015 年 9

月 16 日转入普洛姆公司的专利申请 CN201310724732.0 和专利 CN200680026317.6，其中前一件专利是后一件专利的分案申请，见表 10 – 12。普洛姆公司诞生于斯坦福大学联合设计计划，在 2007 年成立，该公司有两款低温加热卷烟产品 modelTwo 和 Pax，该公司在 2011 年获得来自日本烟草公司的投资❶。在 2015 年，日本烟草公司收购了普洛姆公司的相关知识产权，随后在 2016 年 1 月，日本烟草公司推出 Ploom TECH。

表 10 – 12 低温加热卷烟领域部分专利运营情况

运营情况分析					
专利号	烟类型	加热类型	转入方	转出方	授权时间
CN91105363.8	低温加热卷烟	燃料加热	日本烟草	美国雷诺烟草公司	1995.11.22
CN95121811.5	低温加热卷烟	燃料加热	日本烟草	美国雷诺烟草公司	1999.09.15
CN92105261.8	低温加热卷烟	燃料加热	日本烟草	美国雷诺烟草公司	1997.03.19
CN200680026317.6	低温加热卷烟	燃料加热	日本烟草	普洛姆公司	2015.05.20
CN201310724732.0	低温加热卷烟	燃料加热	日本烟草	普洛姆公司	在审

---

❶ Clay Dillow. 高科技电子烟重塑香烟未来？［EB/OL］. http：//www.fortunechina.com/business/c/2014 – 04/21/content_202015.htm.

第 11 章　双气路控制技术分析

双气路控制技术是指电子烟烟气通过烟草材料形成双气路混合式结构，将电子烟的雾化烟油和烘烤的低温加热烟草制品的烟草香味混合在一起，更加体现这种仿真烟的真实吸烟感受。通过采用双气路混合式结构技术，目的是要融合电子烟雾化技术和低温加热烟草制品加热技术的双重技术优势，值得关注。

11.1　总体发展趋势分析

从专利申请数量级上看，目前双气路控制技术相关专利的布局量是 136 项，远远低于前面的两种类型。而从趋势角度看，在国外范围，虽然研发持续时间长，但是连续性不好，整体的绝对申请量也不高，年均专利申请量仅为 2 项；在国内范围，从 2013 年开始才出现较为稳定的创新态势，但是绝对申请量较高，年均申请量达到 17.2 项，如图 11 - 1 所示。从重要申请人角度考量，刘秋明和菲莫国际在此领域的技术创新活跃度较其他申请人更高，合计占据此类型总申请量的 16%。

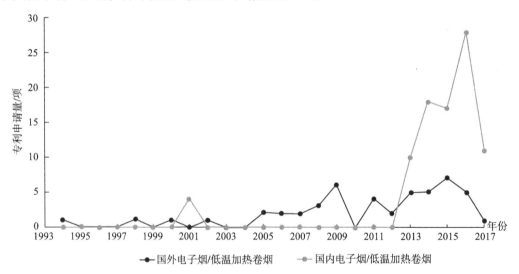

图 11 - 1　双气路控制技术专利技术产出总体趋势

数据来源：www.cnipr.com/totalpatent，截至 2017 年 8 月。

11.2　技术构成分析

从双气路控制技术构成图（见图 11 - 2）中可以看出，雾化方式以电阻加热雾化为主，专利产出数量达到 28 项，占此技术领域全部产出数量的 82.4%，其他 3 类雾化类型的产出数量相同，占比同为 5.9%；而加热技术中电加热形式的占比优势最为明显，其专利产出 43 项的规模几乎占到加热技术领域 89.6% 的比例。

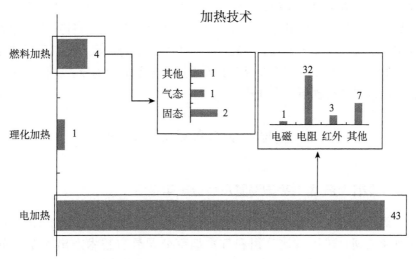

雾化技术

加热技术

图 11 - 2　双气路控制技术构成分析❶（单位：项）

数据来源：www. cnipr. com/totalpatent，截至 2017 年 8 月。

11.3　功效矩阵分析

本节对双气路控制技术中的技术功效矩阵进行了统计和整理，具体包括电阻加热雾化、电磁感应加热雾化、喷射雾化、压电超声雾化等雾化技术方式，以及电加热、燃料

---

❶　此处的"其他"分别指的是此项专利相关技术只说明采用了电加热或燃料加热，但并未透露具体方式。

加热等加热技术方式所体现的技术效果，见表 11 - 1。

表 11 -1 双气路控制技术分支功效矩阵   单位：项

技术分类	技术分支	效　果					
		安全	便捷	健康	提高效率	用户体验	节能环保
雾化技术	电磁感应加热雾化	1					
	电阻加热雾化	6	1	1	6	10	
	喷射雾化			1		1	
	压电超声雾化					2	
加热技术	电加热	5		1	5	15	1
	燃料加热	1		1	0	2	

数据来源：www. cnipr. com/totalpatent，截至 2017 年 8 月。

从双气路控制技术的功效矩阵图的分析可以看出：首先，从技术的改进重点来看，雾化的主要方式是电阻加热雾化形式，而加热的主要方式是电加热形式，这与电子烟或低温加热卷烟中单独的技术构成特点类似；其次，从效果方面看，针对用户体验、安全以及提高效率等效果进行技术研发的专利较多，平均的专利技术产出数量保持在 4.9 项左右，而针对健康、便捷以及节能环保 3 类效果进行创新的专利较少，同样地，暂未发现针对延长寿命效果进行创新的专利技术。

11.4 主要市场竞争对手情况分析

11.4.1 主要市场竞争对手申请量及行业集中程度

国外主要烟草公司并没有都在双气路混合式结构这一领域进行专利布局，仅有菲莫国际、英美烟草公司、美国雷诺公司和日本烟草公司具有技术产出和专利布局，如图 11 -3 所示。虽然布局的公司数量不多，但是这些公司都是最早进入该技术中的。国内烟草技术团队比较重视在双气路混合式结构上的布局，除韩力外，几乎都有专利布局，刘秋明及其技术团队较早进入该技术领域，但是相比较国外竞争对手，进入时间较晚，最早进入时间都是在 2011 年，专利布局集中在 2016 年和 2017 年。

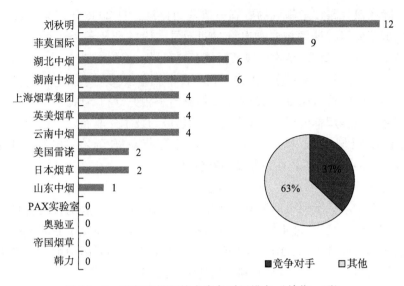

图 11 - 3　双气路控制技术竞争对手排名（单位：项）

数据来源：www. cnipr. com/totalpatent，截至 2017 年 8 月。

11. 4. 2　主要市场竞争对手专利申请趋势分析

● 国外情况

如图 11 - 4 所示，从双气路技术领域专利布局的时间点上看，该技术早在 1994 年，英美烟草公司就开始进行技术研发，产出相关专利，但是在申请了专利 US20050115579A1 之后，该技术并没有受到英美烟草公司的持续关注。直至 2006 年才开始陆续受到国际烟草公司巨头的重视，菲莫国际在 2006 年开始布局专利，日本烟草公司在 2008 年开始布局专利，美国雷诺进入该技术领域的时间相对较晚，直到 2013 年才开始布局专利。

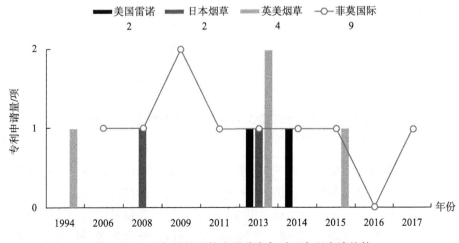

图 11 - 4　双气路控制技术国外竞争对手专利申请趋势

数据来源：www. cnipr. com/totalpatent，截至 2017 年 8 月。

菲莫国际在双气路技术领域的专利申请最为持续，自 2006 年以来持续有相关专利产出。英美烟草公司在该领域专利申请时间最早，1994 年即开始专利申请，但延续性较差，直到 2013 年和 2015 年才出现了新的专利布局。美国雷诺专利产出时间最晚，于 2013 年和 2014 年连续 2 年布局了相关专利。日本烟草公司则于 2008 年首次提出申请，此后经过 4 年时间的技术储备于 2013 年重新提出了相关专利申请。

菲莫国际、英美烟草公司属于双气路技术领域的技术先驱企业，这两家公司的技术发展影响着该领域的技术发展方向，尤其是菲莫国际在 2017 年申请的专利 US20170150750A1，体现了其在该领域最新的技术。

- 国内情况

如图 11 - 5 所示，专利布局最早、数量最多的是刘秋明代表的吉瑞科技，首件专利申请始于 2011 年，此后经过 4 年的技术储备于 2016 年重新递交了专利申请。湖南中烟在该领域的专利布局集中在 2016 年和 2017 年；上海烟草和云南中烟在双气路技术领域虽然布局总量较少（4 项），但是专利申请持续性最好。

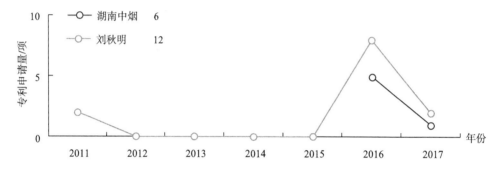

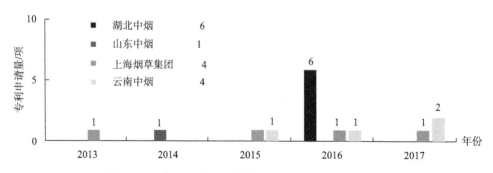

图 11 - 5　电子烟/低温加热卷烟国内专利申请趋势分析

数据来源：www.cnipr.com/totalpatent，截至 2017 年 8 月。

总体来看，国内外竞争对手对于双气路技术领域的技术产出较少，国外竞争对手中最早进行专利布局的是英美烟草公司，最晚进行专利布局的是美国雷诺公司，布局最为持续的是菲莫国际公司。国内竞争对手中专利布局最早、数量最多的是吉瑞科技，专利申请持续性最好的是上海烟草集团和云南中烟。尽管国内外竞争对手针对双气路技术领域的总体专利布局数量较少，但是从专利布局时间来看，各申请人仍持续在该领域进行技术研发。

11.4.3　主要市场竞争对手专利活跃度

国外申请人在双气路技术领域近 5 年专利平均占比明显低于国内申请人，其中美国雷诺、英美烟草公司近年来对电子烟/低温加热卷烟研发活跃度最高，帝国烟草、奥驰亚、PAX 实验室公司近年来无相关专利产出，如图 11 – 6 所示。

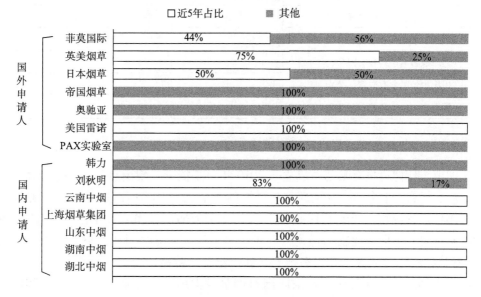

图 11 – 6　双气路控制竞争对手活跃度（单位:%）

数据来源：www.cnipr.com/totalpatent，截至 2017 年 8 月。

国内企业在该领域的研发基本集中在 2010 年之后，因此近 5 年比重高，国内烟草行业工业企业技术团队近年来基本维持在 100% 。

总体来看，近年来国外竞争对手在双气路技术领域的布局活跃度明显低于国内，美国雷诺、英美烟草、日本烟草和菲莫国际近年来布局活跃度相对较高。

11.5　行业新进入者情况

根据本书第 9.7 节中对新进入者的筛选原则，本部分选取了电子烟/低温加热卷烟领域在专利产出数量前 6 位的国内外竞争对手，对其技术研发方向做进一步的讨论，主要涵盖雾化方式以及具体的雾化结构特点。

表 11 – 2 是电子烟/低温加热卷烟领域主要新进入者技术布局特点分析。

上海绿馨电子科技有限公司成立于 2013 年，专注于电子烟产品的研发和生产等业务。本报告在数据标引过程中暂时发现此公司在电子烟/低温加热卷烟领域的专利产出为 1 项，此专利（CN204722256U）采用了"电子烟储存烟油的烟棉替换为烟草薄片（主要成分为各类烟草），且玻璃纤维绳两端分别与烟草薄片接触，外缠绕有发热丝"的技术方案。

表 11 – 2　电子烟/低温加热卷烟领域新进入者技术布局　　　　　　单位：项

新进入者	专利产出数量		
	总数	雾化方式	加热方式
		电阻加热雾化	电加热
湖南中烟工业有限责任公司	6	1	
云南中烟工业有限责任公司	4	3	
陕西中烟工业有限责任公司	3	3	
上海绿馨电子科技有限公司	1	1	
川渝中烟工业有限责任公司	1	1	
深圳市杰仕博科技有限公司	1	1	

数据来源：www. cnipr. com/totalpatent，截至 2017 年 8 月。

深圳市杰仕博科技有限公司成立于 2010 年，是捷士宝集团旗下的一家集电子烟研发、生产、销售、服务于一体的新型高科技创新企业。2015 年以来，此公司在电子烟/低温加热卷烟领域暂时产出了 1 项专利（CN204519369U），其在技术方案中采用"柄部内设置有可更换不同雾化物的雾化器"的方式实现了可选择性地加热液态物质（如烟油）、膏状物质（如烟膏）和固态物质（如烟丝、烟粉等）的技术效果。

湖南中烟工业有限责任公司隶属国家烟草专卖局（中国烟草总公司），2015 年以来，公司在电子烟/低温加热卷烟领域累积的专利产出数量为 6 项。从技术特点看，暂时在本次标引数据中发现有 1 项专利（CN206371521U）涉及雾化/加热相关技术，其采用"外壳内设有发热管、烟草管、储油棉和导油棉，外壳上开有进气孔，烟草管位于发热管内且与发热管内侧壁贴合，储油棉与导油棉均位于发热管外，储油棉通过导油棉与发热管外侧壁相连"的技术方案来保证发热体能够同时雾化烟油和加热烟草。

云南中烟工业有限责任公司隶属国家烟草专卖局（中国烟草总公司），2015 年以来，公司在电子烟/低温加热卷烟领域累积的专利产出数量为 4 项。从技术特点来看，本次标引数据中有 3 项专利同时涉及了雾化/加热相关技术，具体来说，专利（CN106912985A）采用了"外壳端部设有可拔插发热杯支架，其顶部设有卷烟插口，同时雾化器组件位于中壳下底座"的技术方案；专利（CN106880086A）采用了"电子烟弹中间设置有烟弹通气管且电子烟弹上端设置有烟弹密封塞，加热杯位于电子烟弹正上方且加热杯下端设置有加热杯密封塞，烟弹密封塞和加热杯密封塞使得烟弹通气管与加热杯内部腔体密封相连，烟支插入到加热杯内部腔体内"的技术方案；专利（CN206025198U）采用了"加热元件与活动套筒共同界定出加热腔体用于加热固态烟草，雾化元件与容纳腔组成雾化器完成液态烟草制品雾化"的技术方案。

陕西中烟工业有限责任公司隶属于国家烟草专卖局（中国烟草总公司），2015 年以来，公司在电子烟/低温加热卷烟领域累积的专利产出数量为 3 项。从技术特点来看，这 3 项专利均涉及雾化/加热相关技术，具体来说，专利（CN204653789U）采用了"设立双雾化仓和对应加热装置"的技术方案；专利（CN204653790U）采用了"一体式固液雾化芯"的技术方案；专利（CN204466914U）采用了"雾化器内并排设置液体雾化仓和固态发烟材料雾化仓"的技术方案。川渝中烟工业有限责任公司隶属于国家烟草专卖局（中国烟草总公司），2015 年 10 月 12 日，国家烟草专卖局将川渝中烟工业有限责任公司拆分为四川中烟和重庆中烟。此次数据标引暂时只发现了此公司在电子烟/低温加热卷烟领域所产出的 1 项专利（CN204483009U），其采用"电加热组件和电子烟仓集成在同一个装置本体内"的技术方案来实现雾化/加热的技术效果。

11.6　新型烟草市场专利风险壁垒

电子烟和低温加热烟草制品在全球的地域布局基本保持一致，亚洲市场布局专利最多，存在的侵权风险最大；美国市场侵权风险次之，最后是欧洲市场。

首先，中国市场在电子烟、低温加热卷烟和电子烟/低温加热卷烟的专利布局占比分别高达 56%、40% 和 51%，侵权风险最高；其次，电子烟在韩国市场的专利壁垒略高于日本市场；而低温加热卷烟在日本市场的侵权风险则略高于韩国，如图 11 - 7 所示。

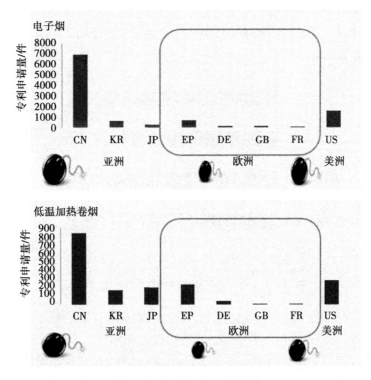

图 11 - 7　侵权风险—地域特征

数据来源：www.cnipr.com/totalpatent，截至 2017 年 8 月。

美国市场的侵权风险也相对较大，电子烟和低温加热烟草制品美国专利占比均为 13%。美国市场不仅专利数量较多，电子烟的市场份额也较大，根据《2016 年世界烟草发展报告》，预计 2016 年全球电子烟市场约为 100 亿美元，主要分布在美国、欧洲和东南亚地区，其中美国占据了43%的市场份额❶。

欧洲市场的专利壁垒相对亚洲和美国市场较小，但是由于欧洲也是新型烟草的重要消费市场，同时拥有帝国烟草这样的行业领先企业，因此欧洲市场也存在较大的风险和壁垒。

综合来看，虽然中国市场的专利壁垒最多，但是由于美国和欧洲市场份额较大，并且拥有行业领先企业，因此，中国、美国和欧洲市场均存在较大的侵权风险和专利壁垒。

在电子烟领域，比较压电超声雾化、喷射雾化、电阻加热雾化和电磁感应加热雾化四种类型的电子烟在中国、美国和欧洲市场的专利分布可以看出，在全球电子烟专利布局中，压电超声雾化类型的电子烟在中国的专利布局数量占该类电子烟的比例相对于其他类型的电子烟比例要明显偏高，超过64%，如图11-8所示。对于压电超声雾化类型的电子烟的技术发展，在中国更容易受到专利阻碍，这可能是因为作为电子烟产业的奠基人韩力先生最初的电子烟设计就是以压电超声雾化技术为主，中国是该技术的发源地，这类技术的电子烟产品也会更多，因此对于压电超声雾化技术，各大烟草公司在中国市场更加重视压电超声雾化技术。而压电超声雾化技术在欧洲市场和美国市场，专利布局比例要明显低于其他类型的电子烟技术，分别超过5%和15%。如果在压电超声雾化技术上有所建树，更适宜去美国市场和欧洲市场打开市场局面，遭遇的专利诉讼风险相对中国要明显偏低。

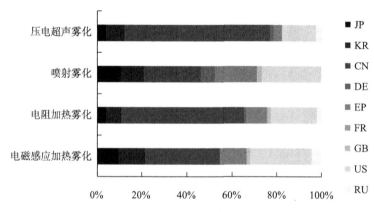

图11-8　电子烟领域专利侵权风险—技术特征

对于电子烟的主流类型——电阻加热雾化，在欧洲和美国市场布局的专利比例分别超过12%和20%，而在中国市场布局的专利比例达到54%。相比于压电超声雾化技术，作为全球最主流的技术，电阻加热雾化在中国、欧洲和美国市场不论是专利布局数量还是专利布局占比都更多，在该领域生产相关产品遇到的阻碍都更突出，风险也更大。

对于电磁感应加热雾化类型方向，在美国的专利布局占比达到27%，比电阻加热雾化、喷射雾化和压电超声雾化的占比都大。通过各烟草公司的专利布局方向可以看

❶　2017年美国电子烟行业现状及发展趋势分析［EB/OL］. http：//www. chyxx. com/industry/201708/550047. html.

出，对于电磁感应加热雾化，市场争夺的热点在美国，因此这一技术产品如果要出口到美国，遇到的风险阻力更大。而在中国的占比仅有32%，遇到的风险阻力相对较小。

对于喷射雾化类型，在欧洲市场和美国市场的专利占比都达到27%，相对而言，在中国的专利布局占比仅仅25%，因此，对于喷射雾化类型的电子烟，欧洲市场和美国市场更加受到青睐，中国市场的专利布局占比相对较少，产品在中国市场发展风险阻力更小，更容易尽快占领市场。

综上所述，不同类型的电子烟在中国、欧洲和美国的专利绝对数量上虽然都是以电阻加热雾化为主，但是在各个类型电子烟的专利布局占比上的不同，也体现了不同市场的风险程度和竞争困难的不同。通过上面的分析可以看出，对于电阻加热雾化技术，在中国、欧洲和美国市场不论是专利数量还是占比都非常受重视，在这一主流技术中抢占市场必然会有极大的阻碍。相对而言，压电超声雾化类型的电子烟，在欧洲市场和美国市场的占比明显偏少，对于这种类型的电子烟出口到欧洲和美国更加合适，侵权风险更低。电磁感应加热类型和喷射雾化则在中国的专利占比相对较少，占领中国市场的风险相对更低。

低温加热卷烟按照加热方式不同主要分为电加热型、理化反应加热型和燃料加热型，比较这3种类型的低温加热烟草制品在中国、美国和欧洲市场的专利分布（见图11-9）可以看出，对于电加热类型的低温加热卷烟，在中国的专利布局占比超过51%，超过理化加热和燃料加热的占比。因此，在中国市场发展电加热类型的低温加热卷烟遇到的侵权风险更大。相反，在燃料加热方面，在中国的专利布局占比不到30%，发展燃料加热类型的低温加热卷烟侵权风险更小，更容易占领市场。

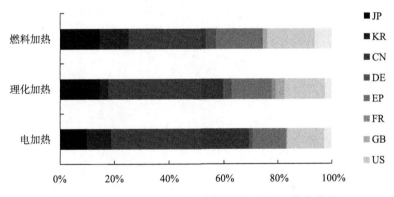

图11-9 低温加热卷烟领域专利侵权风险—技术特征

在欧洲市场上，理化加热和燃料加热类型的低温加热烟草制品的专利占比均超过23%，相对于电加热类型的低温加热卷烟，理化加热类型和燃料加热类型的专利占比更高，这两种类型的低温加热卷烟产品出口到欧洲遇到的侵权风险要高于电加热类型低温加热卷烟。

在美国市场，燃料加热类型的低温加热烟草制品专利布局占比超过19%，而电加热类型的专利布局占比不到14%，因此，更适宜出口到美国市场的低温加热卷烟类型为电加热类型，其遇到的市场竞争和侵权风险相对更低。

在电加热类型的低温加热卷烟中，可以根据加热的原理和设备不同，分为微波加热、石墨加热、红外加热、电阻加热、电磁加热和薄膜加热。其中，采用微波技术和石墨技术进行电加热的低温加热烟草制品仅在中国布局有专利，对于采用这一类电加热技术的低温加热烟草制品在中国市场具有一定的侵权风险，但是出口到海外并没有侵权风险。而在薄膜方向上，英美烟草公司提出的一项技术的专利申请，在多个国家都布局有专利，且在日本、菲律宾和澳大利亚的专利都获得授权，属于风险较高的专利，如图 11 - 10所示。

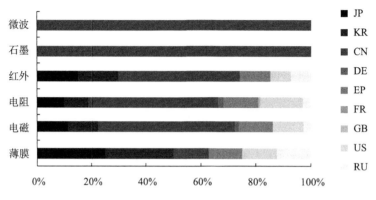

图 11 - 10 电加热领域专利侵权风险—技术特征

第 12 章 新型烟草技术导航研究策略

信息情报的获取与分析是产品开发策略制定的一个非常重要的手段。专利作为技术信息、市场信息和法律信息的综合承载体，蕴含了大量的信息情报。专利导航工程的目的是希望通过分析了解行业领域内的专利情况，导航分析提供关于技术环境的关键信息，透过专利掌握技术的发展方向，为企业的技术挖掘和发展提供谏言建议。

对于一个企业内部和外部的技术管理都需要了解专利环境。通过了解专利情况，可以帮助企业规划一个研发计划，从技术情报角度看，通过分析专利可以了解其他组织考虑什么技术值得保护，进而可以从中窥得这些组织的发展轨迹。挖掘专利信息可以帮助预测其他将要来临的以技术为基础的产品❶。

通过专利信息指导企业技术和产品的开发就是利用专利的技术情报和法律情报，通过比较和了解目前技术上的发展情况，对比自身实力，从而判断是进行合作开发还是自主研发，通过专利所圈定的保护范围，以及权利人对专利技术的利用程度，判断企业自主研发的成本和风险，是否需要进行技术引进，如果进行技术引进和合作开发，通过专利信息也可以判断选择何种技术引进最具优势，选择谁进行合作开发最为恰当。

12.1 重点产品开发基本策略

12.1.1 自主研发策略

企业进行自主研发的前提是对关键技术具有一定的研发优势，或者市场竞争对手并没有进行相关技术的研发，没有可以借鉴的基础。此外，专利丛林是密集还是稀疏对于企业的技术发展也有较为深远的影响。专利布局较多的技术方向，法律阻碍较大，自主研发遇到的侵权风险也较多，自主研发困难。而专利布局稀疏的技术，专利对技术发展的阻碍作用更小，自主研发的成果侵权风险更低。对于自主研发的技术，利用专利信息可以优化技术发展的方向，提高研发的效率。

• 电子烟方面

在电子烟技术上，对于四种不同加热类型的电子烟，从专利申请趋势和各类型电子烟数量占比上看，电磁感应加热雾化和超声雾化两种类型的电子烟也是两股不可忽视的技术，且从 2013 年开始，这两种类型的电子烟都开始呈现专利井喷的趋势，技术产出明显增多，但是相关的国内外研究企业和机构并不集中。这两个技术方向目前处于研发

---

❶ 波特. 技术挖掘与专利分析 [M]. 陈燕，等，译. 北京：清华大学出版社，2013：157.

的热点初期阶段，更适宜通过自主研发抢占市场。

在电磁感应加热雾化技术上，主要的技术产出和专利布局数量最多的公司是国外的菲莫国际和英美烟草公司两家烟草巨头。反观国内主要市场竞争对手，在电磁感应加热雾化技术上则几乎没有太多的关注和技术产出，也都不是这些国内市场竞争对手的重点研发方向。因此，电磁感应加热雾化目前还没有成为一个主流技术，研究成果不多，专利丛林的密度也不大。菲莫国际的重点专利研究方向在于采用多个感应器材料实现电磁感应，从而实现对温度的控制。在技术研究目的上，目前电磁感应超声雾化侧重于从安全、提高雾化效率、改善用户体验3个方面进行技术上的研究。

在压电超声雾化技术，国外主要市场竞争对手都没有作为重点研发和布局，国内主要有韩力先生在压电超声雾化类电子烟上的技术积淀。在压电超声雾化的技术发展方向上，重点专利技术都围绕压电片的结构设计而展开，采用的都是主流的声波表面技术。此外，除声波表面技术外，加热超声雾化技术也是超声雾化技术的一个分支方向。从研究技术侧重的目的上看，以用户体验和安全角度着手研究。

- 低温加热烟草制品方面

与电子烟不同，低温加热烟草制品总体的专利布局数量要明显少于电子烟。在这个方向上的市场竞争较电子烟要小，并且遇到的专利丛林的阻碍相对要小。

在电磁感应加热技术上，目前主要的国外研发企业有国外的菲莫国际、英美烟草公司。电磁感应加热技术目前市场竞争对手主要从安全、有利于人体健康、提高加热效率和改善用户体验4个角度进行技术研究。技术方向上，电磁感应加热技术都是采用电磁感应线圈进行加热，重点是对于电磁感应的感受器的研究。

在电阻加热技术上，国内主要竞争者企业具有一定的技术储备，在采用加热片、加热环、螺旋加热器以及针刺式加热、多位置加热方面具有技术产出，在这些方面进一步加入自主研发的投入力度，更容易获得基础技术成果。从研发技术的目的看，采用电阻式电加热技术更侧重以加热安全、利于人体健康和提高用户体验方面作为主要目的。目前低温加热卷烟采用电阻式加热时可以分成内部加热和外部加热，内部加热主要采用加热针/杆、螺旋加热器、导热叶片等加热方式，外部加热主要采用加热丝、加热网、加热环、加热片、加热柱/管和向内弯曲的加热方式，还有分段加热的方式，不同的加热方式各具特点，也是电阻式加热技术的改进核心。在内部加热中，采用加热针/杆的刺入式加热技术的公司主要有日本 Kazuhiko Shimizu、湖南中烟等公司，在螺旋加热器方式上的企业主要有菲莫国际、湖南中烟等公司，采用导热叶片技术的公司主要是菲莫国际，采用多段加热技术的公司主要有菲莫国际、云南中烟、山东中烟。在外部加热中，采用加热丝技术的企业最多，菲莫国际、英美烟草、美国雷诺等公司都有采用该技术的专利，采用加热网技术的企业主要有英美烟草公司和上海烟草集团，采用加热环技术的企业主要有麦克韦尔公司，采用加热片技术的企业主要有菲莫国际、云南中烟、湖北中烟等公司，采用加热柱/管技术的企业主要有日本 Kazuhiko Shimizu 和上海烟草集团。可以借鉴技术优势企业的技术，加大在原有技术上的研发力度，尤其在不同类型的电阻结构上凸显差异化。

12.1.2 合作研发策略

通过本书前述分析，电阻加热雾化是新型烟草技术发展过程中的主流技术，各主要市场竞争对手的电子烟技术类型都是以电阻加热雾化为主，专利布局的数量也非常庞大，专利风险密布。国内企业既在技术上不具有基础优势，研发的方向也多是外围技术，面临的专利阻碍也繁多，因此电阻式加热雾化类型的电子烟不适宜采用自主研发的策略。

但是电阻式加热雾化是当前新型烟草技术的核心类型，只有掌握更多的核心技术才更有利于在新型烟草市场上占据一席之地。而国内众多烟草企业已经布局了一定数量的专利，投入了相当的研发成本，因此，仍然要发挥在电阻式加热雾化类型的电子烟的技术成果积淀，建议通过主要市场竞争对手强强联合，或者与新进入者进行技术交流合作，充分利用资金优势和新进入者的技术优势，打造在电阻式加热雾化类型电子烟上的核心技术优势。本书前述分析中的一些技术新进入者，可以考虑作为国内烟草研发合作对象。

在新型烟草制品这一新兴热点市场上，由于还没有形成一家或几家垄断市场的龙头企业，国内外的市场竞争对手都有独立占领市场的机遇和能力，几家联合破除市场垄断的前提并不存在。并且通过上面的分析可以看出，各市场竞争对手之前的技术各具特色，并不存在联合开发的市场和技术基础，因此依靠国外市场竞争对手或国内市场竞争对手进行技术联合，进一步发展技术的难度较大。

除进行强强联合外，利用国内大型烟草公司在烟草市场已占据的优势以及资金优势，与具有技术成果的新进入企业之间进行合作开发，获得具有技术优势的产品，也是一种有价值的策略。且通过新型烟草的少数国外烟草巨头的知识产权收购策略也可以看出，都是通过在短期内针对具有技术优势，但是在资金和市场占有率不具有优势的研发型企业完成的，如帝国烟草公司收购韩力先生的知识产权，日本烟草公司收购研发型企业普洛姆公司的知识产权。

12.1.3 技术引进策略

对于国内企业薄弱技术，如果需要研发，则更需要采用技术引进的策略。对于无法通过自主研发和合作开发实现进步的技术，进行技术引进应当关注市场竞争对手中技术实力强劲且具有技术输出意愿的公司或者新进入的科技创新型企业。通过前面的专利运营活动分析，在众多国际烟草巨头中，美国雷诺公司和普洛姆公司均发生过知识产权转移的情况。对于基础薄弱技术，可以考虑通过技术引进的方式发展相关技术。

12.2 专利布局策略分析

专利是保护企业技术成果的一种有效的法律武器，而专利布局是配合企业技术研发成果而形成的全局性的战略思考，是专利战略思想的体现和延伸。专利布局不是毫无目的的专利申请，而是配合企业自身的战略发展、商业模式、技术开发程度以及企业在整个行业中的定位而通盘考虑的结果。有目的、有规划地进行专利布局，才能真正地为企业的技术发展提供有力的保护网，实现专利价值最大化。

12.2.1　专利布局方向指引

根据专利布局的意图可以将专利布局的整体策略分为保护式布局、对抗式布局和储备式布局❶。专利布局是与企业的技术发展程度和需求相契合的，保护式的专利布局是围绕企业自身的技术创新活动展开的，尤其对于企业自主研发式的技术需采用这种专利布局。在自主研发的基础上要及时地对研发成果进行保护式专利布局，对于核心技术进行强保护，形成基础专利，尽可能将保护主题和技术手段抽象化、概括化，同时需要注意规避其他有相关技术研发的企业已经布局的专利保护范围。形成基础专利后，需要进一步对基础专利形成系列的专利布局申请，从手段替换、应用场景扩展、外围部件的保护方面，为基础专利形成一张密集的专利网，从多角度多方向对技术成果进行全方位保护。

对于低温加热卷烟中的电阻式加热卷烟，以及电子烟中的电阻式加热类型的电子烟，这两种技术都是当前的新型烟草的主流技术，市场竞争激烈，参与的烟草企业众多，专利丛林密布。由于基础型专利大多被国外主要烟草公司垄断，并且这两类技术各企业都拥有自身的优势，因此更适宜采用对抗式专利布局。通过分析自身的技术与国内外市场竞争对手之间的差异，实现技术的差异化发展，对自身技术的特色地方强化专利研发和布局，针对市场竞争对手的关键技术进行外围布局。

对于喷射雾化类型的电子烟、理化加热和燃烧加热类型的低温加热卷烟，国外企业的技术成果较国内企业更加丰富。对于这一类的引进技术，应当在对技术进行消化吸收的基础上加快研发进度，寻找可替代的手段或者优化技术方案，对替代或优化的方案积极申请专利，反制引进的技术，从而降低技术引进成本。

12.2.2　专利收储策略研究

由于国内企业在很多技术方向上基础技术较为薄弱，需要进行技术引进或者合作开发，除对研发成果进行专利布局外，也需要对一些核心的技术进行专利收储或者专利实施许可。通过对各市场竞争对手的技术分析，可以针对自身薄弱技术寻找可以进行技术转移或者专利许可的对象和技术。

建议国家烟草专卖局、中国烟草总公司在条件成熟时出台知识产权有偿使用、转移和许可的相关政策，促进国内烟草行业各企业技术转移（扩散）的有序化和规范化，促进知识产权的产业化和商品化；必要时，国家烟草专卖局、中国烟草总公司有权对国内烟草行业知识产权采取"强制许可（推广）"方式❷。建议以知识产权试点工程为切入点，积极引导，尝试和探索试点企业的知识产权有偿使用、转移和许可方式及机制，提高企业知识产权实施、扩散、转移和效率（效益），使企业在现有知识产权基础上提高企业的创新、创造起点和持续创新的能力。

---

❶　马天旗. 专利布局［M］. 北京：知识产权出版社，2017：8.
❷　郑新章. 中国烟草行业知识产权发展策略与管理［M］. 郑州：河南人民出版社，2012.

参考文献

[1] 臧宇杰, 肖卫平, 王宇航, 等. 地方财政推进专利导航产业发展的路径分析 [J]. 江苏科技信息, 2015 (3): 15-16.

[2] 李琪, 陈仁松. 浅谈专利导航产业发展的方法和路径 [J]. 中国发明与专利, 2015 (8): 21-23.

[3] 丁志新. 产业专利导航与企业微导航培训课件 [Z]. 知识产权一言堂, 2018.

[4] 国家知识产权局. 企业运营类专利导航项目实施导则 (暂行) [Z]. 国家知识产权局, 2016.

[5] 陈燕, 黄迎燕, 方建国, 等. 专利信息采集与分析 [M]. 北京: 清华大学出版社, 2006: 257-261.

[6] 何彦东, 范伟, 於锦, 等. 基于专利生命周期的技术创新信息研究 [J]. 情报杂志, 2017 (7): 74-76.

[7] 文献计量学 [EB/OL]. [2013-03-14]. Available from: http://baike.bai du.com/view/40533.htm.

[8] 张鹏, 刘平, 唐田田. 布拉德福文献分散定律在专利分析系统中的应用 [J]. 专利文献研究, 2009 (6): 25-29.

[9] 陈燕, 黄迎燕, 方建国, 等. 专利信息采集与分析 [M]. 北京: 清华大学出版社, 2006: 260-263.

[10] 段异兵. 高影响力中国海外发明专利的引文分析 [J]. 科学学研究, 2009 (5): 228-234.

[11] Iwan von Warburga, Thorsten Teicherta, Katja Rostb. Inventive Progress Measured by Multi-stage Patent Citation Analysis [J]. Research Policy, 2005, 34 (10): 1591-1607.

[12] 李运景, 侯汉清. 引文分析可视化研究 [J]. 情报学报, 2007, 22 (2): 301-308.

[13] 杨壁嘉, 张旭. 专利网络分析在技术路线图中的应用 [J]. 情报分析与研究, 2008 (5): 61-66.

[14] 黄鲁成, 蔡爽. 基于专利的技术跃迁实证研究 [J]. 科研管理, 2009, 30 (2): 64-69.

[15] M. M. S. Karki. Patent citation analysis: a policy analysis tool [J]. World Patent Information, 1997, 19 (4): 269-272.

[16] 许玲玲. 运用专利分析进行竞争对手跟踪 [J]. 情报科学, 2005, 23 (8): 1270-1275.

[17] 杨中楷, 梁永霞, 刘则渊. 美国专利商标局十个高被引专利的计量分析 [J]. 科技政策与管理, 2008 (11): 35-39.

[18] 李睿, 张玲玲, 郭世月. 专利同被引聚类与专利引用耦合聚类的对比分析 [J]. 图书管理工作, 2012 (4): 91-95.

[19] 潘伟. 个性化信息服务关键技术——聚类分析 [J]. 现代情报, 2007 (10): 212-214.

[20] 王冀, 叶珺君, 等. 专利信息分析实训 [M]. 北京: 北京大学出版社, 2017.

[21] 杨铁军. 切削加工刀具行业专利分析报告 [M] // 产业专利分析报告 (第3册). 北京: 知识产权出版社, 2011.

[22] 李鹏. 基于专利信息分析的生物侦检技术发展研究 [D]. 北京: 中国军事医学科学院, 2012.

［23］罗嫒. 工业用光纤激光器专利战略研究［D］. 武汉：华中科技大学，2015.

［24］郭凯，王晓东，刘丹，等. 白光 LED 领域专利申请状况分析［J］. 中国发明与专利，2014，（12）：32－35.

［25］刘雪，王超，王治华. 柔性显示领域之基板剥离技术中国专利申请状况分析［J］. 中国发明与专利，2014（11）：47－52.

［26］田立，田莉莉. 冰箱铰链专利技术发展现状与趋势分析［J］. 中国发明与专利，2018，15（2）：67－73.

［27］杨铁军，等. 生物医用天然多糖行业专利分析报告［M］//产业专利分析报告（第6册）. 北京：知识产权出版社，2011.

［28］刘璇. 三一重工的专利竞争情报研究［D］. 湘潭：湘潭大学，2013.

［29］栾博杨. 基于诉讼专利的专利质量评价及专利布局研究［D］. 北京：北京工业大学，2016.

［30］陈箐清，吕阳红，王亚利，等. 燃料电池技术全球专利申请状况分析［J］. 中国发明与专利，2013（12）：57－59.

［31］雷滔，陈向东. 区域校企合作申请专利的网络图谱分析［J］. 科研管理，2011，32（2）：67－73.

［32］杨铁军. 燃煤锅炉燃烧设备行业专利分析报告［M］//产业专利分析报告（第3册）. 北京：知识产权出版社，2011.

［33］腾讯网. 腾讯科技［EB/OL］.［2018－7－26］. http：//tech. qq. com/a/20121007/000031. htm#p＝4.

［34］曹瑞丽. 基于网络的 MST 领域专利诉讼战略研究［D］. 大连：大连海事大学，2013.

［35］黄迎燕. 利用专利信息监测竞争环境［J］. 中国科技成果，2013（5）：4－7.

［36］刘红光，吕义超. 专利情报分析在特定竞争对手分析中的应用［J］. 情报杂志，2010，29（7）：36－38.

［37］应硕，汪洋. 专利情报在竞争对手分析中的应用［J］. 图书馆理论与实践，2012（7）：39－41.

［38］许亚玲，付云. 基于专利信息价值的竞争情报研究［J］. 岳阳职业技术学院学报，2007，22（4）：115－117.

［39］杨铁军. 产业专利分析报告（第18册）［M］. 北京：知识产权出版社，2014.

［40］董新蕊. 3D 打印行业巨头德国 EOS 公司专利分析［J］. 中国发明与专利，2013（12）：49.

［41］董新蕊. 专利三十六计之围魏救赵［J］. 中国发明与专利，2014（7）：6－8.

［42］董新蕊. 3D 打印行业巨头德国 EOS 公司专利分析［J］. 中国发明与专利，2013（12）：50.

［43］杨铁军. 产业专利分析报告（第13册）［M］. 北京：知识产权出版社，2013.

［44］杨铁军. 专利分析实务手册［M］. 北京：知识产权出版社，2012.

［45］秦洪花，赵霞，张卓群. RFID 标签全球创新资源分析［J］. 现代情报，2013，33（4）：42－48.

［46］蒋倩. 石墨烯技术专利布局研究［D］. 湘潭：湘潭大学，2017.

［47］张鹏，房华龙，赵星. 竞争对手专利情况分析方法探讨［J］. 中国专利与发明，2011（9）：46－49.

［48］刘红光，吕义超. 专利情报分析在特定竞争对手分析中的应用［J］. 情报杂志，2010，29（7）：35－39.

［49］王程. 纳米硅晶光伏太阳能领域的专利战略研究［D］. 保定：河北大学，2014.

［50］张元梁，司虎克，蔡犁，等. 体育用品核心企业专利技术发展特征研究——以耐克公司为例［J］. 中国体育科技，2014，50（3）：124－131.

［51］ 宁静. 基于专利分析的企业技术竞争情报挖掘研究［D］. 郑州：郑州航空工业管理学院，2017.

［52］ 侯元元，夏勇其，等. 基于专利信息的太阳能光热发电技术竞争态势分析［J］. 情报探索，2014（8）：54－58.

［53］ 阚元汉. 专利信息检索与利用［M］. 北京：海洋出版社，2008.

［54］ 张红芹，鲍志彦. 基于专利地图的竞争对手识别研究［J］. 情报科学，2011，29（12）：1825－1829.

［55］ 卜远芳. 基于专利信息分析的我国4G移动通信技术发展研究［D］. 洛阳：河南科技大学，2015.

［56］ 丁冬. 国外电子烟管制概况及其对我国的启示［J］. 中国烟草学报，2017，23（4）：128－134.

［57］ 李保江. 全球电子烟市场发展、主要争议及政府管制［J］. 中国烟草学报，2014，20（4）：101－107.

［58］ 骆晨. 2017年世界烟草发展报告［J］. 中国烟草，2018，9（4）：60－63.

［59］ 电子烟公众号. 全球主要电子烟市场发展概览［DB/OL］.［2015－11－03］. http：//www. tobaccochina. com/revision/cigarette/wu/201511/2015112162948_698274. shtml.

［60］ 李磊，周宁波，屈湘辉. 新型烟草制品市场发展及法律监管［J］. 中国烟草学报，2018，24（2）：100－104.

［61］ 第一财经日报. 电子烟冲击日本烟草市场［DB/OL］.［2016－11－10］. http：//www. tobaccochina. com/dianziyan/201611/20161028154814_739188. shtml.

［62］ 搜狐网. 控烟持续推进，传统烟草承压前行，新型烟草引领时尚［DB/OL］.［2018－07－13］. http：//www. sohu. com/a/240959613_100200586.

［63］ 中泰证券. 电子烟行业报告：墙内开花墙外香 发展迅速的快消品［DB/OL］.［2017－07－06］. http：//www. tobaccochina. com/dianziyan/20177/201775174125_754205. shtml.

［64］ 云南中烟官网. 云南中烟超细支电子烟产品进入日本有税市场［DB/OL］.［2017－09－30］. http：//www. tobaccochina. com/dianziyan/20179/201792817436_758448. shtml.

［65］ ClayDillow. 高科技电子烟重塑香烟未来？［DB/OL］.［2014－04－21］. http：//www. fortunechina. com/business/c/2014－04/21/content_202015. htm.

［66］ 中国产业信息网. 2017年美国电子烟行业现状及发展趋势分析［DB/OL］.［2017－08－11］. http：//www. chyxx. com/industry/201708/550047. html.

［67］ 波特. 技术挖掘与专利分析［M］. 陈燕，等，译. 北京：清华大学出版社，2013，157.

［68］ 马天旗. 专利布局［M］. 北京：知识产权出版社，2017：8.

［69］ 关于印发福建省专利导航试点工作管理暂行办法的通知. 闽知管〔2016〕12号. http：//www. fjipo. gov. cn/html/4/40/6816_2016413013. html.

［70］ 北京市企业海外知识产权预警项目管理办法. http：//www. bjipo. gov. cn/zwxx/zcfg/gfxwj/20180320/pc_976091780137091072. html.

［71］ 广西创新驱动发展专项（科技重大专项）项目申报指南. http：//www. gxst. gov. cn/gxkjt/dtxx/20180320/001003_705480f6－024e－4e86－9de3－3c07c06b20f9. htm.

［72］ 关于印发《山东省重点产业专利导航试点方案》的通知. 鲁知规字〔2018〕35号. http：//www. sdipo. gov. cn/info/1051/6191. htm.

［73］ 郑新章. 中国烟草行业知识产权发展策略与管理［M］. 郑州：河南人民出版社，2012.